AF464023

DU CALCUL INFINITÉSIMAL, ET DE LA GÉOMÉTRIE DES COURBES,

POUR SERVIR DE SUPPLÉMENT
AU TOME PREMIER
DE
LA PHILOSOPHIE,

Par M. BEGUIN, Licencié en Théologie de la Société Royale de Navarre,

Professeur de Philosophie en l'Université de Paris, au College de Louis-le-Grand.

Quàm pulchrum est in principiis, in origine rerum
Defixisse oculos & nobile mentis acumen !
Pervolat huc sapiens. . . . . *Anti-Lucret.*

Broché, 1 l. 10 f.

A PARIS,
Chez JOSEPH BARBOU, Imprimeur-Libraire, rue des Mathurins.

M DCC LXXIV.

AVERTISSEMENT.

A la fin du Tome I. de la Philosophie ; *nous avons annoncé un Supplément à la question* de la quantité des corps, *qui est l'objet de la Mathématique. Nous le donnons aujourd'hui avec d'autant plus d'empressement que le public paroît desirer la suite d'un ouvrage entrepris pour son utilité. Le traité du Calcul infinitésimal, la Géométrie des courbes manquent dans la plupart des éléments de Mathématiques, en particulier dans ceux dont nous faisons usage dans l'enseignement des Classes. Nous nous sommes imposé le devoir d'y suppléer, espérant de l'indulgence de nos Lecteurs, qu'ils ne nous sauroient pas mauvais gré d'une tentative qui peut contribuer au bien des Etudes ; nous proposant de remplir ainsi notre tâche avec tout le zele que peuvent inspirer de pareilles considérations. Heureux ! si nos forces peuvent répondre à nos desirs.*

AVERTISSEMENT.

Ce Supplément du premier Tome pourroit être réuni aux Eléments de Mathématiques. Comme nous renvoyons souvent dans le corps de l'Ouvrage, à ceux que nous a donné M. Mazeas, nous nous sommes servis des mêmes signes algébriques qu'il y emploie ; à cette exception près que nous avons désigné les deux raisons de la proportion géométrique par un seul point mis entre les deux termes de chacune d'elle, en cette maniere, dy. dx :: y. S.

Nous avons eu soin d'expliquer en son lieu & place la valeur des autres signes dont nous avons fait usage.

CALCUL

CALCUL INFINITÉSIMAL,

*C'est-à-dire, Calcul de la Grandeur par ses éléments infiniment petits * ou considérés comme tels.*

I. LE Calcul infinitésimal, par rapport à sa nouveauté, a d'abord été appellé *Géométrie nouvelle*; par rapport à la maniere dont cette partie des Mathématiques envisage son objet, & par rapport aux découvertes admirables que l'on a faites par son moyen, on l'a aussi appellée *Géométrie sublime*, *Géométrie transcendante.* Nous ne saurions mieux justifier ces expressions, qu'en exposant les principes, les regles & les applications du Calcul même dont nous parlons.

En considérant la grandeur par rapport à ses éléments, l'on peut se proposer deux choses; ou de trouver l'expression de l'élément infiniment petit d'une grandeur donnée, ou de remonter de cet élément à la grandeur même. C'est pourquoi le Calcul infinitésimal se divise en deux, eu égard à ce double objet; en Calcul différentiel & en Calcul intégral. Nous traiterons de l'un & de l'autre.

---

* Nous disons infiniment petits ou considérés comme tels, pour ne point entrer ici dans les disputes qui se sont élevées sur la nature & la réalité des infiniment petits & autres infinis Mathématiques; lesquelles roulent sur une discussion plus métaphysique encore que mathématique: quelque parti que l'on prenne sur cet objet, la maniere d'opérer est la même: le Géometre peut donc calculer sans inquiétude, sauf au Métaphysicien à revenir ensuite sur la singularité de ce Calcul. Nous pourrons en traiter dans la seconde partie de la Philosophie, en parlant de l'idée de l'infini.

DU CALCUL DIFFÉRENTIEL.

II. LES Eléments infiniment petits d'une quantité, s'appellent les *différences* de cette quantité; la méthode par laquelle on les détermine, & on assigne leurs rapports, se nomme *Calcul différentiel*. M. Newton l'appelle *Calcul des fluxions*, parce qu'il considere les différences, comme les augmentations d'une quantité qui se meut progressivement, & qui en se mouvant reçoit des accroissements successifs. Ainsi l'on conçoit en Géométrie, *qu'un * point en se mouvant, décrit une ligne; qu'une ligne en se mouvant décrit une surface; qu'une surface en se mouvant, décrit un solide*. La quantité changeante & variable qui résulte de ces fluxions ou accroissements successifs, est nommée par M. Newton, *fluente*. Il désigne les fluxions en mettant des points au-dessus des fluentes; ainsi la fluxion de x est $\dot{x}$, la fluxion de z est $\dot{z}$. Comme il peut y avoir des fluxions de fluxions, puisqu'il y a des infiniment petits d'infiniment petits; elles sont désignées par deux points. $\ddot{x}$ est une fluxion de fluxion. En suivant toujours l'analogie de cette expression, l'on voit que $\dddot{x}$ seroit la fluxion de $\ddot{x}$; & $\ddddot{x}$ celle de $\dddot{x}$, &c.

M. Leibnitz exprime les différences d'une autre maniere. Il met un *d* devant la quantiré dont il considere l'élément. Cet élément ainsi exprimé est la différentielle de cette quantité. Ainsi dx est la différentielle ou différence de x; dz est la différentielle de z. Les différences de différences se marquent par

* Premiere Partie des Eléments de la Géométrie spéculative, par M. Mazeas.

les puissances successives de *d*, dont on affecte les variables. Ainsi la différentielle de dx est ddx ou $d^2 x$; la différentielle de celle-ci est $d^3 x$, &c. jusques à l'infini.

L'expression Leibnitzienne est plus usitée & plus commode. Nous nous en servirons dans tout ce traité du Calcul infinitésimal.

Nous allons exposer ici premierement les principes & les regles du Calcul différentiel; nous parlerons ensuite de ses applications.

PREMIERE PARTIE

DU CALCUL DIFFÉRENTIEL.

Principes & Regles de ce Calcul.

III. PARMI les quantités il y en a qui augmentent ou qui diminuent insensiblement ou infiniment peu dans chacun de leurs accroissements ou décroissements successifs. On les appelle variables ou changeantes. Telles sont les cordes du cercle, telles les ordonnées & les abscisses des sections coniques. Les grandeurs qui demeurent toujours égales pendant que les autres changent, s'appellent constantes. Tels sont les rayons du cercle, le parametre de la parabole, les axes de l'ellipse & de l'hyperbole. On désigne les quantités constantes par les premieres lettres de l'Alphabet, *A*, *B*, *C*, &c. & les variables par les dernieres lettres, *x*, *y*, *z*.

Puisque les constantes n'ont aucun accroissement ni décroissement; elles n'ont point non plus de différentielle. Ainsi on ne les différencie point.

Quant aux variables, en les différenciant, l'on observe des regles différentes, suivant les diverses fonctions de ces quantités & leurs différentes combinaisons.

REGLE I.

IV. *Une quantité seule se différencie, comme nous l'avons déja dit, en l'affectant du signe dont s'est servi M. Leibnitz.* La différence de $x = dx$.

Effectivement dx exprime très-bien la différence de x. Car cette différentielle se trouve en considérant x avant son accroissement & après son décroissement, pour avoir la différence de ces deux états. Supposons donc x accru d'un infiniment petit, qu'on peut appeller dx; nous aurons $x + dx$; dont ôtant x pour connoître en quoi il differe de $x + dx$, le reste est $x + dx - x = dx$.

REGLE II.

V. *Pour avoir la différentielle des polynomes, il faut prendre les différences de tous les termes où il y a des changeantes, & les joindre par les mêmes signes dont les termes se trouvent affectés.* Par exemple $d(x+y) = dx + dy$.

Supposons $x+y$ accru de $dx+dy$. Pour connoître en quoi il differe de son premier état, il faut soustraire $x+y$ de $x+y+dx+dy$: le reste est $dx+dy$. L'on prouvera de même que la fluxion de $x-y-z$ est $dx-dy-dz$.

J'ai dit qu'il falloit prendre les différences de tous les termes où il y a des changeantes : parce que les termes où il n'y a que des constantes n'ont point de différentielles.

REGLE III.

VI. *Pour différencier les produits, il faut multiplier la différence de chaque facteur par les autres produisants, & prendre la somme des produits qui résultent de cette multiplication.* Ainsi $d(xy) = ydx + xdy$.

DÉM. Concevez que x est devenu $x+dx$, & que y est devenu $y+dy$: leur produit sera $xy+ydx+xdy+dxdy$. Il faut en ôter xy pour connoître en quoi il differe du produit de x par y : reste $ydx+xdy$, $dxdy$ étant un infiniment petit du second ordre, qui se néglige.

Autre DÉM. En supposant, comme dans la Dém. précédente, le produit $x \times y$ de deux quantités ; xy représente le rectangle $abcd$ (*F. 1. Pl. 1.*) dans lequel un côté $ac=x$, & l'autre $ab=y$. Supposons que ac accru de la quantité al infiniment petite devienne $lc=x+dx$; tandis que ab deviendra $af=y+dy$; alors le rectangle $abcd$ deviendra $lceg$. Or la différentielle de xy égale la différence des deux rectangles $=ydx+xdy+dxdy=ydx+xdy$.

En suivant la même regle, la différentielle de ax est adx. Celle de $\overline{a+x} \times \overline{b-y}$ est $bdx-ady-ydx-xdy$.

$duxy=xydu+uydx+uxdy$, &c. Car si l'on suppose $xy=t$; $duxy=dut=udt+tdu=u \times \overline{xdy+ydx}+xydu=xydu+uydx+uxdy$.

REGLE IV.

VII. *L'on trouve la différence d'une puissance variable, en multipliant la changeante par son exposant, en l'affectant ensuite d'un autre exposant moindre d'une unité, puis en multipliant ce produit par la différentielle de la variable.*

Ainsi la différence de x^2 est $2x^1dx$. Cette regle suit de la précédente.

DÉM. $x^2=xx$; $dxx=xdx+xdx=2xdx$. En général $dx^m=mx^{m-1}dx$.

J'ai dit que l'on trouvoit la différence d'une puissance variable en multipliant la changeante, &c. Car une puissance constante n'a point de différentielle ;

mais si les changeantes avoient des constantes pour coefficients, ils seroient conservés dans les différences, comme ils le sont dans les produits. En général $da^m x^u = na^m x^{u-1} dx$.

REGLE V.

VIII. *En suivant la regle précédente, l'on peut différencier les racines ; puisqu'on peut les regarder comme des puissances dont les exposants sont fractionnaires.*

En général $d\sqrt[m]{x^n} = dx^{\frac{n}{m}} = \frac{n}{m} x^{\frac{n}{m}-1} dx$, ou $\frac{n}{m} x^{\frac{n-m}{m}} dx$.

$d\sqrt{a^2 - x^2} = \frac{-x\,dx}{\sqrt{a^2 - x^2}}$. Car en supposant $\sqrt{a^2 - x^2} = z$, l'on a $a^2 - x^2 = z^2$; $-2x\,dx = 2z\,dz$; $dz = \frac{-2x\,dx}{2z}$: en réduisant & substituant, l'on trouve $dz = \frac{-x\,dx}{\sqrt{a^2 - x^2}}$.

REGLE VI.

IX. *Pour trouver la différentielle d'une fraction, il faut prendre le produit de la différentielle du numérateur, multipliée par le dénominateur, en soustraire le produit de la différentielle du dénominateur par le numérateur ; & diviser le reste par le quarré du dénominateur.*

I. DÉM. $d\frac{x}{y} = \frac{y\,dx - x\,dy}{y^2}$. Car $\frac{x}{y} = x \times y^{-1}$: dont la différentielle, suivant *la Regle* 4e, est y^{-1}

$dx + x \times -y^{-2}\, dy = \frac{1}{y} dx + x \times -\frac{1}{y^2} dy = \frac{ydx - xdy}{y^2}.$

D'où même plus généralement ; $d\left\{\frac{x^m}{y^n}\right\} = d(x^m y^{-n}) = my^{-n}x^{m-1}dx - nx^m y^{-n-1}dy = \frac{mx^{m-1}dx}{y^n} - \frac{nx^m dy}{y^{n+1}} = \frac{myx^{m-1}dx - nx^m dy}{y^{n+1}}$. $d\left\{\frac{ax^n}{bx^m}\right\} = n - m \times \frac{ax^{n-m-1}dx}{b}$, &c.

Autre DÉM. Soit $\frac{x}{y} = t$; pour lors $x = yt$; $dx = ydt + tdy$; $dx - tdy = ydt$; & substituant dans cette derniere équation la valeur de t, $dx - \frac{xdy}{y} = ydt$; $dt = \frac{dx}{y} - \frac{xdy}{y^2} = \frac{ydx - xdy}{y^2}$.

REMARQUE.

» Il est à propos de bien remarquer que l'on a
» toujours supposé en prenant les différences, qu'une
» des variables x croissant, les autres y, z, &c.
» croissoient aussi ; c'est-à-dire, que les x devenant
» $x + dx$, les y, z, &c. devenoient $y + dy$, $z +$
» dz, &c. C'est pourquoi s'il arrive que quelques-
» unes diminuent pendant que les autres croissent,
» il en faudra regarder les différences, comme des
» quantités négatives par rapport à celles des autres
» qu'on suppose croître, & changer par conséquent
» les signes des termes où les différences de celles
» qui diminuent se rencontrent. Ainsi si l'on suppose
» que les x croissant, les y & les z diminuent ;

» c'est-à-dire, que les x devenant $x + dx$, les y & » les z deviennent $y - dy$ & $z - dz$, & que l'on » veuille prendre la différence du produit xyz, il » faudra changer dans la différence $xydz + xzdy +$ » $yzdx$ trouvée, les signes des termes où dy & » dz se rencontrent : ce qui donne $yzdx - xydz -$ » $xzdy$ pour la différence cherchée. *Analyse des in-* » *finiment petits*, n. 8. pag. 10.

REGLE VII.

X. *Les différentielles se différencient comme les autres quantités, à quelques précautions près dont l'usage du Calcul fait sentir la nécessité.*

Il nous suffira ici d'apporter quelques exemples. $d(xdx) = dx + xd^2x$, qui est la différentielle du produit $x \times dx$, prise selon *la Regle* 3e concernant les produits.

Car si l'on fait $xdx = z$; $dx = \frac{z}{x}$. En différenciant $d^2x = \frac{xdz - zdx}{x^2}$; $x^2d^2x = xdz - zdx$, $x^2d^2x + zdx = xdz$; & substituant la valeur de z, $x^2d^2x + xdx^2 = xdz$; divisant tout par x, $xd^2x + dx^2 = dz$.

La différence de $\frac{x}{dx}$ égale $\frac{dx^2 - xd^2x}{dx^2}$. La différence de dx^2 est $2d^2xdz$.

REMARQUE. Il ne faut pas confondre d^2x avec dx^2 : nous les avons distingués dans cet exemple. La premiere quantité d^2x ou ddx est la différentielle de dx ou la seconde différence de x. dx^2 est le quarré de la premiere différentielle.

REGLE VIII.

XI. *Pour différencier les logarithmes des quantités, il faut en multiplier le module* * *par la différentielle de la quantité logarithmique, & diviser ce produit par la quantité même.*

---

* Dans les *élémens de Géométrie*, p. 351. n. 804, l'on voit que pour la construction des tables des logarithmes, il est libre de choi-

Soit lx le logarithme de la variable x, lequel il faut différencier, égal à z; l'on a $z+dz=l(x+dx;)\,dz$ ou son égal $dlx = l(x+dx) - lx = l(1+\frac{dx}{x}) = \frac{dx}{x} - \frac{dx^2}{2x^2} + \frac{dx^3}{3x^3} - \&c. = \frac{dx}{x}$; & dans le système dont A est le module; $\frac{Adx}{x}$.

Ainsi $dly^m = \frac{my^{m-1}dy}{y^m} = \frac{mdy}{y}$. De cette formule l'on peut déduire toutes les autres différentielles des différentes fonctions des logarithmes.

COROLLAIRE I.

Différentielle des Quantités par les Logarithmes.

XII. Puisque $dlx = \frac{dx}{x}$; $dx = dlx \times x$. Par conséquent la différence d'une quantité est égale à la différentielle de son logarithme multipliée par la quantité même. D'où l'on peut trouver les différentielles des grandeurs algébriques, par le moyen des différences logarithmiques. Par exemple,

$$dy^m = y^m dly^m = y^m \times \frac{my^{m-1}}{y^m} dy = my^{m-1}dy.$$

COROLLAIRE II.

Différentielle des Quantités exponentielles.

XIII. L'on peut encore par la même méthode trouver les différences des quantités exponentielles. L'on appelle ainsi les quantités qui ont des exposants variables. Il y en a

---

sir telle proportion géométrique que l'on voudra. Effectivement, si l'on propose de trouver le logarithme d'un nombre quelconque exprimé par $1+x$; l'on parvient à cette équation $l(1+x) = A(x - \frac{1}{2}x^2 + \frac{1}{3}x^3 - \frac{1}{4}x^4 + \frac{1}{5}x^5 - \frac{1}{6}x^6 + \&c.$ Or dans cette suite la quantité A est indéterminée; donc le nombre $1+x$ peut avoir une infinité de logarithmes différents. Mais cette quantité A quoiqu'indéterminée est constante, & s'appelle le module des logarithmes que l'on choisit. V. *les Leçons élémentaires de Mathématiques par M. l'Abbé de la Caille, nouvelle édit. par M. Marie : Du Calcul des Logarithmes par les Séries, pag. 201, 202.*

de plusieurs ordres ou degrés. A savoir celles du premier degré qui n'ont qu'un exposant variable ; telles sont a^x, b^y, x^z, &c. celles du second degré, dont l'exposant variable est lui-même affecté d'un autre exposant aussi variable. Par exemple, c^{x^y}, D^{z^y}. Celles du troisieme ordre, comme $e^{x^{y^z}}$, &c.

Or l'on différencie ces grandeurs par la méthode du Corollaire précédent. Ainsi $da^x = a^x dla^x$.

Leurs différentielles peuvent encore se trouver de cette maniere. Soit $x^y = z$; leurs logarithmes seront $ylx = lz$ *

dont les différentielles $lxdy + \frac{ydx}{x} = \frac{dz}{z}$ donnent aussi $dz = zlxdy + \frac{zydx}{x}$. En mettant en place de z sa valeur ; $x^y lxdy + \frac{x^y ydx}{x} = dz = x^y lxdy + yx^{y-1} dx$.

De même pour les différentielles du second ordre, soit $c^{x^y} = z$; les logarithmes sont $x^y lc = lz$; qui ont pour différences $\overline{x^y lxdy + yx^{y-1}dx} \times lc + x^y \frac{dc}{c} = \frac{dz}{z}$. D'où $dz = \overline{x^y lxdy + yx^{y-1}dx} \times lc \times z + x^y z \frac{dc}{c} = c^{x^y} lcx^y lxdy + c^{x^y} lcyx^{y-1}dx + c^{x^y} x^y c^{-1} dc$.

L'on différencieroit de même les exponentielles des degrés supérieurs, en se servant successivement de celles des degrés inférieurs.

Ce seroit ici le lieu de parler des différentielles des sinus, cosinus, &c. Mais cela nous meneroit trop loin ; d'ailleurs pour bien entendre cette partie du Calcul différentiel ; il faut une théorie des sinus, cosinus, &c. plus développée qu'elle ne se trouve communément dans les éléments de Géométrie. Nous renvoyons donc nos lecteurs aux savantes leçons de Mathématiques de M. de la Caille, augmentées par M. Marie. Ils y trouveront abondamment ce qui pourroit manquer ici.

---

* Eléments de Géométrie, n. 801, du Calcul Logarithmique, pag. 350, 351.

SECONDE PARTIE
DU CALCUL DIFFERENTIEL.
Applications de ce Calcul.

XIV. Le Calcul différentiel ſert à trouver les ſous-tangentes & les tangentes, les ſous-normales & les normales des Courbes, & par conſéquent à en déterminer la nature. C'eſt en quoi conſiſte la *méthode directe des tangentes*, qu'on appelle ainſi par rapport aux lignes, à la recherche deſquelles les Géométres l'ont ſpécialement employée. L'on fait encore uſage du Calcul différentiel dans les queſtions *de maximis & minimis*, comme s'expriment les Mathématiciens.

Méthode pour trouver les ſous-tangentes des Courbes, par le moyen du Calcul différentiel.

Soit ACc une courbe quelconque, (*F.2. Pl.1.*) dont Cc eſt une portion infiniment petite, laquelle par conſéquent ſe confond avec la tangente. Que l'on mene des points C, c, les ordonnées quelconques CB, cb infiniment proches; qu'on prolonge la tangente cC juſqu'à la rencontre de la ligne ſur laquelle ſe comptent les abſciſſes, juſqu'en S : $cr = dy$, $Cr = dx$; & à cauſe des triangles ſemblables crC, CBS, l'on a $dy . dx :: y . S = \frac{ydx}{dy}$.

Maintenant, ſi dans cette expreſſion générale des ſous-tangentes, on ſubſtitue la valeur de dx ou de dy priſe dans l'équation de la courbe dont on cherche la ſous-tangente; on trouvera ce que l'on demande. Par Ex. dans la parabole ordinaire, $y^2 = px$; en différenciant l'on trouve $2ydy = pdx$, & $dx =$

$\frac{2ydy}{p}$. En substituant, comme nous venons de dire, $s = \frac{2y^2}{p} = \frac{2px}{p} = 2x$. Même valeur que dans les *éléments de Géométrie*, pag. 440, n. 974.

Par un procédé analogue l'on déterminera la soustangente de l'ellipse & des autres courbes. Il en est encore de même de différentes lignes qui servent à les faire reconnoître. Nous en allons dire un mot. Ceux qui voudront voir cette matiere plus approfondie & traitée plus en détail, pourront consulter les leçons de Mathématiques de M. de la Caille, & *l'analyse des infiniment petits* du Marquis de l'Hôpital.

Formule pour les tangentes.

XV. Puisque $BS = \frac{ydx}{dy}$; l'on aura $CS = \sqrt{\frac{y^2dx^2}{dy^2} + y^2} = y\sqrt{\frac{dx^2 + dy^2}{dy}}$; expression générale des tangentes, par le moyen de laquelle on peut les déterminer dans chaque courbe.

Méthode pour trouver les sous-normales par le moyen du Calcul différentiel.

XVI. Les triangles semblables Crc & CBH donnent $Cr.\ rc :: CB.\ BH$, ou $dx.\ dy :: y.\ \frac{ydy}{dx}$. Maintenant si dans cette expression générale de BH, on substitue la valeur de dy ou de dx trouvée par l'équation d'une courbe déterminée, l'on aura la sousnormale de cette courbe. Par Ex. dans la parabole, $dy = \frac{pdx}{2y}$; $\frac{ydy}{dx} = \frac{p}{2}$. Même valeur que dans les *éléments de Géométrie*, p. 438, n. 971.

Formule pour les normales.

XVII. Puiſque la ſous-normale $BH = \frac{ydy}{dx}$; & que $BC = y$, l'on a $CH = \sqrt{\frac{y^2dy^2}{dx^2} + y^2} = \frac{y}{dx}\sqrt{dy^2 + dx^2}$. Expreſſion générale des perpendiculaires, par le moyen de laquelle on peut les déterminer dans chaque courbe.

Réſolution de quelques problêmes par la méthode des tangentes.

XVIII. Lorſqu'on ſait déterminer les tangentes, les normales, &c. il eſt facile de réſoudre les problêmes ſuivans : 1°. *D'un point donné hors d'une courbe, mener une tangente à cette courbe.* 2°. *D'un point quelconque donné dans le plan d'une courbe, mener une normale à cette ligne.* 3°. *Dans un angle tel que CSH décrire une courbe dont l'équation eſt donnée, & qui touche le côté CS au point C auſſi donné.* (*F. 2. Pl. 1.*)

Quant à la ſolution du premier problême, ſuppoſons que DM ſoit la tangente cherchée. La ligne DB menée parallele à l'ordonnée PM, & ſa diſtance B*a* de l'origine A des abſciſſes, ſeront connues, le point D étant donné. (*F. 3. Pl. 1.*) Ainſi nommant DB, h; AB, g; AP, x; comme PM eſt y, & PT, $\frac{ydx}{dy}$; $BP = g + x$; $TB = PT - BP = \frac{ydx}{dy} - g - x$. Mais à cauſe des triangles TBD, TPM ſemblables, TB. BD :: PT. PM. $\frac{ydx}{dy} - g - x . h :: \frac{ydx}{dy} . y :: \frac{dx}{dy} . 1$. Donc $\frac{ydx}{dy} - g - x = \frac{hdx}{dy}$. Maintenant ſi dans cette derniere équation, on ſubſtitue la valeur de $\frac{dx}{dy}$ prise dans l'équation de la courbe différenciée ; l'on aura une équation en x, y & en constantes, dans laquelle mettant la valeur de y en x & en constantes, tirée de l'équation même de la courbe ; on trouvera enfin celle de x au point M où doit être menée la tangente. S'il y avoit plus d'une tangente à mener du point D donné ; par l'équation qui fournit la valeur de x au point M, l'on détermineroit encore les valeurs de x aux différents points auxquelles les tangentes doivent être menées.

XIX. Quant à la solution du second problême, un procédé analogue la fera aussi trouver. Supposons que DQ (*F. 4. Pl. 1.*) soit la normale cherchée ; PQ sera la sous-normale $= \frac{ydy}{dx}$; PM est y : à cause des triangles DBQ, MPQ semblables, DB. BQ :: PM. PQ. ou si l'on emploie les mêmes dénominations algébriques que ci-devant, $h.\ g + x + \frac{ydy}{dx} ::$ $y.\ \frac{ydy}{dx} :: 1.\ \frac{dy}{dx}$. Par conséquent $\frac{hdy}{dx} = g + x + \frac{ydy}{dx}$. Equation analogue à celle que nous avons trouvée dans la solution du problême précédent, de laquelle on pourra faire un usage semblable pour trouver ce que l'on cherche.

XX. Pour ce qui est de la résolution du troisieme problême ; du point donné C abaissons BC perpendiculairement sur SH ; (*F. 2. Pl. 1.*) BS sera la sous tangente, BC l'ordonnée ; & nous aurons BS. BC :: C*r*. *rc*. ou $s.\ y :: dx.\ dy$. & $sdy = ydx$. D'où l'on pourra tirer comme ci-dessus la valeur des lignes qui déterminent la courbe donnée. Si c'est par ex. la parabole ; $px = y^2$, $pdx = 2ydy$, $dx = \frac{2ydy}{p}$.

Substitution faite de cette valeur dans l'équation $sdy = ydx$ que nous venons de trouver; $sdy = \frac{2y^2dy}{p}$, $sp = 2y^2$, $p = \frac{2y^2}{s}$. Mais dans la parabole $p = \frac{y^2}{x}$; donc $\frac{2y^2}{s} = \frac{y^2}{x}$, $\frac{s}{2} = x$. C'est-à-dire qu'il faut diviser BS en deux parties égales au point A, lequel sera le sommet de la courbe; & prenant $\frac{2y^2}{s}$ pour parametre, d'écrire la parabole au tour de l'axe AH. L'on peut juger par-là de quelle maniere on résout le problême pour ce qui concerne les autres courbes.

Application du Calcul différentiel aux questions de Maximis & Minimis.

XXI. La plus grande des quantités qui croissent suivant une même loi; ou en général celle qui entre grandeurs semblables possede certaines propriétés dans le plus haut degré, s'appelle un *Maximum*. La plus petite au contraire, ou celle du moindre degré, s'appelle un *Minimum*. Et la méthode de déterminer les plus grandes ou les moindres quantités, est appellée la méthode *de maximis & minimis*. Elle est l'une des plus curieuses & des plus utiles de l'analyse.

PROBLÊME I.

XXII. *Déterminer la plus grande ou la plus petite ordonnée dans une Courbe algébrique.*

SOLUTION. Dans les Courbes où se trouve, soit la plus grande, soit la plus petite ordonnée; la tangente TM devient DE (*F. 5. 6. Pl. 1.*), parallele à l'axe, tandis que la perpendiculaire MH se confond avec la plus grande ou la plus petite ordonnée CG. Dans l'un & l'autre cas, la sous-tangente TP devient infinie, la sous-normale PH devient $o = \frac{ydy}{dx}$, $dy = o$. Mais $PT = \frac{ydx}{dy} = \infty$, il faut donc que $dx = \infty$.

S'il arrivoit (*F. 7. Pl. 1.*) que la tangente HG se confondît avec l'ordonnée GC; dans ce cas la sous-tangente $PT = o$, la sous-perpendiculaire $PH = \infty$. D'ailleurs $PT = \frac{ydx}{dy}$; donc $\frac{ydx}{dy} = o$, & $dx = o$. Mais alors $PH = \frac{ydy}{dx} = \infty$, $dy = \infty$; dx & y sont infiniment petits en comparaison de dy.

C'est pourquoi ayant cherché dans l'équation de la courbe la valeur de dy; on la sera égale à o ou à ∞, pour avoir l'abscisse qui correspond à la plus grande ordonnée. Par ex. dans le cercle $2ax - x^2 = y^2$; (*Elémens de Géométrie n. 1051.*) $2adx - 2xdx = 2ydy$, $\frac{2adx - 2xdx}{2y} = dy = o$, $adx - xdx = ydy = o$, $a - x = \frac{ydy}{dx} = o$, $a = x$. C'est-à-dire que dans le cercle l'abscisse qui correspond à la plus grande ordonnée est un rayon; ainsi il faut que cette même ordonnée en soit un autre, ou ce qui est la même chose qu'elle passe par le centre. Ce qui est évident par la nature du cercle. Et dailleurs, si dans l'équation de la courbe $2ax - x^2 = y^2$ l'on substitue la valeur de x que nous venons de trouver; on aura $2a^2 - a^2 = y^2$; $a^2 = y^2$; $a = y$.

En supposant $\frac{2ydy}{2a - 2x} = dx = \infty$; pour lors $2a -$

$-2x$ doit être infiniment petit en comparaison de $2ydy$ & égaler o, conformément à ce que nous avons dit ci-dessus.

PROBLÊME II.

XXIII. *D'un point pris dans l'axe d'une courbe algébrique tirer au périmetre de cette courbe la ligne la plus petite de toutes celles que l'on pourroit tirer du même point.*

Soit $AR = c$; $PR = c - x$. (*F. 8. Pl. 1.*) Or à cause de $PM^2 + PR^2 = MR^2$; $MR^2 = y^2 + c^2 - 2cx + x^2$, dont la différentielle peut être égalée à o, puisque c'est la différence d'un *minimum*. Donc $2ydy - 2cdx + 2xdx = o$: $ydy - cdx + xdx = o$. Maintenant en prenant la valeur de ydy dans l'équation de la courbe, on trouvera celle de x, d'où l'on pourra tirer celle de MR. Par ex. dans la parabole, $y^2 = px$; $2ydy = pdx$; $ydy = \frac{pdx}{2}$. Laquelle valeur étant substituée dans l'équation générale $ydy - cdx + xdx = o$; l'on a $\frac{pdx}{2} - cdx + xdx = o$; & en divisant tout par dx, $x = c - \frac{p}{2}$, $\frac{p}{2} = c - x$, $px = pc - \frac{p^2}{2} = y^2$. Et $c^2 - 2cx + x^2 + y^2 = \frac{p^2}{4} + pc - \frac{p^2}{2} = pc - \frac{p^2}{4}$. $MR = \sqrt{pc - \frac{p^2}{4}}$. Mais pour lors MR^2. $PM^2 :: pc - \frac{p^2}{4}$. $pc - \frac{p^2}{2} :: c - \frac{p}{4}$. $c - \frac{p}{2} = x$. Ainsi $PR = -c + \frac{p}{2} = \frac{p}{2}$, valeur de la sous-normale *. Par conséquent MR est la perpendiculaire.

En suivant cette méthode on trouveroit généralement que le plus court chemin d'un point pris dans le plan d'une courbe à cette courbe ou à une surface quelconque, c'est la ligne perpendiculaire. Ce que l'on n'aura point de peine à admettre, & ce qui s'accorde avec les Eléments d'Euclide.

PROBLÊME III.

XXIV. *Couper une ligne de maniere que le rectangle de ses deux segments soit le plus grand de tous les autres semblablement construits.* (*F.* 9. *Pl.* 1.)

Soit la ligne $AB = a$, $AD = x$; $DB = a - x$; $AD \times DB = ax - x^2$. Puisque c'est un *maximum*, il ne sauroit plus croître & sa différentielle $= o$. Ainsi

$adx - 2xdx = o$, $a = 2x$, $x = \frac{a}{2}$. C'est-à-dire,

que chaque segment doit être la moitié de la ligne entiere. Ce qui peut être facilement vérifié en nombre, & se trouve conforme aux *Eléments de Géométrie, n.* 598.

PROBLÊME IV.

XXV. *Sur une ligne droite quelconque prise comme hypothénuse, construire le plus grand triangle rectangle qui puisse être construit sur cette hypothénuse.* (*F.* 9. *Pl.* 1.)

Supposons que $AB = a$, $AC = x$; $BC = \sqrt{a^2 - x^2}$; la surface du triangle rectangle que l'on cherche égalera $\frac{x}{2}\sqrt{a^2 - x^2}$, dont la différentielle est zero, puisque c'est la différentielle d'un *maximum*. Donc aussi

* Eléments de Géométrie, n. 1061.

l'on aura pour différence de $\frac{a^2x^2 - x^4}{4}$, $\frac{2a^2xdx}{4} - \frac{4x^3dx}{4} = 0$; en divisant tout par $2xdx$, $\frac{a^2}{2} - \frac{2x^2}{2} = 0$; $\frac{a^2}{2} = x^2$; $x = \sqrt{\frac{a^2}{2}}$ = la racine de la moitié du quarré de l'hypothénuse : donc $BC = \sqrt{\frac{a^2}{2}}$, puisque $x^2 + BC^2 = a^2$. D'où il suit que le plus grand triangle rectangle qui puisse être construit sur une ligne droite quelconque prise comme hypothénuse, est un triangle isoscele. Ce qui est conforme aux *Eléments de Géométrie*, n. 599.

REMARQUE.

La différentielle d'un *maximum* étant o, comme celle d'un *minimum* ; pour s'assurer auquel des deux elle appartient, il faut comparer le résultat des opérations avec la question ou l'objet que l'on s'est proposé. Si le résultat peut décroître, il faut le regarder comme un *maximum* ; s'il ne peut décroître, c'est un *minimum*. Par Ex. dans le Probléme III, où il s'agit de couper une ligne de maniere que le rectangle de ses deux segments soit le plus grand de tous ceux qui peuvent être construits de cette sorte ; le résultat de l'opération, $x = \frac{a}{2}$ nous a fait voir qu'il falloit couper la ligne en deux parties égales ; & tout autre rectangle semblablement construit sur deux autres segments quelconques auroit été plus petit. Ainsi le rectangle construit sur $\frac{1}{3}a$, & $\frac{2}{3}a = \frac{2}{9}a^2 < \frac{1}{4}a^2$.

En général si le rectangle construit sur les deux segments égaux de a n'étoit pas un *maximum*; l'on trouveroit celui-ci en construisant semblablement un rectangle sur deux autres parties de a; dont l'une seroit $\frac{a}{2} \pm \frac{a}{z}$, & l'autre $a - \frac{a}{2} \mp \frac{a}{z} = \frac{a}{2} \mp \frac{a}{z}$. Or le produit des deux seroit $\left\{\frac{a^2}{4} - \frac{a^2}{z^2}\right\} < \frac{a^2}{4}$. Donc $\frac{a^2}{4}$ construit sur deux segments égaux, est le plus grand de tous ceux qu'on peut construire de cette sorte; le résultat de l'opération ne peut donc plus que décroître. C'est un *maximum*.

PROBLÊME V.

Du développement des Courbes.

XXVI. Si l'on imagine une courbe enveloppée d'un fil, lequel s'en détache successivement, en demeurant toujours tendu tandis qu'il se développe; l'on conçoit que l'extrêmité de ce fil décrira une autre courbe totalement dépendante de la premiere. Celle-ci se nomme la développée; la partie du fil qui se trouve tendue dans le développement, s'appelle rayon de la développée *.

L'on voit par-là que le rayon osculateur se trouve égal à la développée, plus grand ou plus petit, selon que son point décrivant part de l'extrêmité de la développée ou bien d'un point pris au dessus ou au dessous de cette extrêmité. Dans ces derniers cas, il est égal à l'arc qu'enveloppoit le fil, plus à la partie extérieure dont ce même fil excede la courbe, ou à cet arc moins la partie du fil comprise entre l'extrêmité de la courbe & le point décrivant.

L'on voit encore qu'à chaque point de la développée, le

---

* Il seroit plus exact de l'appeller rayon de la courbe ou de l'arc décrits par le développement d'une autre, ou s'il étoit permis de le dire, rayon de la développante, puisqu'il en est le rayon osculateur; & qu'à prendre le terme de rayon à la rigueur, c'est-à-dire, pour une ligne tirée d'un centre à un périmetre, il ne peut être regardé comme rayon de la développée; mais l'usage a prévalu.

rayon oſculateur étant une tangente de la courbe ; le centre du cercle oſculateur ſe trouvera toujours ſucceſſivement placé ſur ce point, & le rayon continuellement perpendiculaire à chacun des arcs infiniment petits qui compoſent la courbe de développement, ou ce qui revient au même, perpendiculaire à la tangente de chacun de ces arcs. (*F. 10. Pl. 1.*)

Ainſi la développée, par Ex. BC, termine l'eſpace où tombent toutes les perpendiculaires à la courbe AM*m*.

Puiſque la courbe de développement eſt totalement dépendante de la développée ; l'une des deux étant donnée, l'on connoitra l'autre ; une courbe quelconque étant donnée, l'on trouvera ſon rayon oſculateur : ce qui eſt fort néceſſaire dans la pratique, parce qu'on peut prendre ſans erreur ſenſible pour l'arc d'une courbe qu'il ne ſeroit pas facile d'employer, l'arc correſpondant de ſon cercle oſculateur.

Soit donc par Ex. la courbe AM*m* dont il faille trouver le rayon oſculateur, la développée, & dont les ordonnées PM ſoient perpendiculaires à l'axe. Pour cela, ſuppoſons que MC tiré perpendiculairement à la tangente au point M, ſoit le rayon oſculateur, & que la développée ſoit BC < MC de la quantité AB ou de zero, lorſque cette quantité ne ſe trouve pas : ſuppoſons encore que l'on ait tiré au point C la ligne CQ parallelement à l'axe coupé par l'ordonnee PM prolongée en Q ; l'on aura ſur cet axe le point H par où paſſe MC rayon de la développée. C'eſt pourquoi en tirant par le point M une ſeconde parallele à l'axe, l'on déterminera entre deux ordonnées, comme l'on fait ordinairement dans les autres courbes, le triangle différentiel MR*m* ſemblable au triangle MQC, & qui donne

MR. M*m* : : MQ. MC, ou $dx. \sqrt{dx^2 + dy^2}$: : MQ. MC.

& appellant MQ, q ; $dx. \sqrt{dx^2+dy^2} :: q. \frac{q\sqrt{dx^2+dy^2}}{dx} =$

MC. dont la différentielle, ſi l'on ſuppoſe dx conſtant,

égale $\frac{dq\sqrt{dx^2+dy^2}}{dx} + \frac{qdyd^2y}{dx\sqrt{dx^2+dy^2}} = \frac{dqdx^2+dqdy^2+qdyd^2y}{dx\sqrt{dx^2+dy^2}}$,

que l'on peut faire égale à zero pour avoir la valeur de q. Or PQ eſt conſtant & la différence de q eſt la même que celle d'y : donc $\frac{dydx^2+dydy^2}{dx\sqrt{dx^2+dy^2}} = \frac{-qdyd^2y}{dx\sqrt{dx^2+dy^2}}$. Et $dx^2+dy^2 =$

$-qd^2y. \; q = \frac{dx^2+dy^2}{-d^2y}$. Par où l'on voit que dans les cas particuliers, il n'y aura qu'à substituer la valeur de chacune des quantités $-d^2y$, dy^2 ou son égale, & dx^2 après l'avoir tirée de l'équation différentielle de la courbe particuliere que l'on examinera.

Pour connoitre ensuite MC, il faut encore chercher la valeur de QC, qu'il est facile de déterminer : car PH qui est la sous-perpendiculaire $= \frac{ydy}{dx}$, & l'on a ; PM. PH ::

$$MQ.\ QC. - y.\ \frac{ydy}{dx} :: \frac{dx^2+dy^2}{-d^2y}.\ \frac{dx^2dy+dy^3}{-dxd^2y} = QC.$$

Mais à cause du triangle rectangle MQC ; $MC^2 = MQ^2 + QC^2 = \frac{dx^4+2dx^2dy^2+dy^4}{d^2y^2} + \frac{dx^4dy^2+2dx^2dy^4+dy^6}{dx^2d^2y^2} =$

$$\frac{dx^6+2dx^4dy^2+dx^2dy^4+dx^4dy^2+2dx^2dy^4+dy^6}{dx^2d^2y^2} =$$

$$\frac{\overline{dx^4+2dx^2dy^2+dy^4} \times \overline{dx^2+dy^2}}{dx^2d^2y^2}.\ MC = \frac{\overline{dx^2+dy^2} \times \sqrt{dx^2+dy^2}}{dxd^2y},$$

qui est la valeur générale du rayon osculateur. Lequel étant connu, l'on connoitra la développée BC par le moyen de BD & DC exprimées en valeur de l'abscisse ou de l'ordonnée de la courbe dont il s'agit.

Nota. Nous avons supposé dans la solution de ce cinquieme Problême, que les ordonnées sont perpendiculaires à l'axe. L'on trouve dans différents auteurs élémentaires la solution du même Problême, en supposant non des ordonnées ainsi tirées du périmetre de la courbe sur son axe, mais des lignes qui partent d'un point fixe & aboutissent à la courbe, comme les rayons tirés du centre du cercle à la périphérie. Ceux qui desireront plus de détail, pourront consulter ici *l'Analyse des infiniment petits* de M. le Marquis de l'Hôpital.

DU CALCUL INTÉGRAL.

XXVII. Le Calcul intégral est la méthode de trouver les variables par le moyen de leurs différentielles. C'est cette partie du Calcul infinitésimal, dans laquelle on remonte, comme nous l'avons déja dit, des éléments aux grandeurs mêmes, & dans laquelle on les rétablit dans l'état dont le Calcul différentiel les avoit fait décheoir. Elle est l'inverse du Calcul différentiel, & c'est avec raison qu'on l'appelle *Calcul intégral.* Les Anglois qui d'après Newton, appellent le Calcul différentiel, Calcul des fluxions, donnent conséquemment au Calcul intégral, la dénomination de *méthode inverse des fluxions.*

Nous allons exposer ici 1°. les principes & les regles du Calcul intégral; nous parlerons ensuite de ses applications. L'on pourra trouver dans le second tome de l'analyse démontrée, dans MM. Bernoulli, Moivre, Maclaurin, dans les profondes & savantes recherches de MM. Euler, d'Alembert, Fontaine, de Condorcet, de Bougainville, les détails que nous ne nous permettrons pas ici.

PREMIERE PARTIE

DU CALCUL INTÉGRAL.

Principes & Regles de ce Calcul.

XXVIII. 1°. La lettre S mise devant une différence, marque l'intégrale de cet élément. $Sydx$ marque l'intégrale de la différentielle ydx; ou la somme dans laquelle se trouvent tous les infiniment petits ydx.

2°. Pour trouver ces sortes de sommes, il est important de bien prendre garde aux regles que nous avons observées dans le Calcul différentiel, il ne s'agit que d'en suivre d'inverses dans le Calcul intégral. Ainsi l'on voit tout d'un coup les intégrales suivantes :

$\int dx = x$, Regle 1.

$\int \overline{dx + dy} = x + y$. Reg. 2.

$$\left.\begin{array}{l} \int \overline{y\,dx + x\,dy} = xy\,; \\ \int \overline{a\,dx} = ax\,; \\ \int \overline{xy\,du + uy\,dx + ux\,dy} = uxy. \end{array}\right\} \text{Reg. 3.}$$

$$\left.\begin{array}{l} \int 2x\,dx = x^2\,;\ \int m x^{m-1}\,dx = x^m\,; \\ \int n a^m x^{n-1}\,dx = a^m x^n. \end{array}\right\} \text{Reg. 4.}$$

$\int \frac{n}{m} x^{\frac{n-m}{m}}\,dx = \sqrt[m]{x^n}$. Reg. 5.

$$\left.\begin{array}{l} \int \frac{y\,dx - x\,dy}{y^2} = \frac{x}{y}\,; \\ \int \frac{m y^{n-1}\,dx - x^{m}\,dy}{y^{n+1}} = \frac{x^m}{y^n}\,; \\ \int \frac{\overline{n-m} \times a x^{n-m-1}\,dx}{b} = \frac{a x^n}{b x^m}. \end{array}\right\} \text{Reg. 6.}$$

$$\left.\begin{array}{l} \int \overline{dx^2 + x\,d^2x} = x\,dx\,; \\ \int \frac{dx^2 - x\,d^2x}{dx^2} = \frac{x}{dx}\,; \\ \int 2\,dx\,d^2x = dx^2. \end{array}\right\} \text{Reg. 7.}$$

$\int \frac{dx}{x} = lx;$

$\int \frac{m\,dy}{y} = ly^m;$

$\int a^x\,dla = a^x;$ (Reg. 8.

$\int x^y lx\,dy + yx^{y-1}\,dx = x^y;$

$\int c^{x^y} lcx^y lxdy + c^{x^y} lcyx^{y-1}\,dx + c^{x^y} x^y c^{-1} dc = c^{x^y}.$)

XXIX. 3°. En général l'on voit, sur-tout par les formules de la premiere & de la quatrieme regle ; que pour trouver l'intégrale d'une différence, dont la variable est une fonction d'une quantité quelconque ; il faut augmenter d'une unité l'exposant de la fonction, & diviser ensuite la différentielle par cet exposant ainsi augmenté & multiplié par la différence de la racine. $\int mx^{m-1}\,dx = \frac{mx^{m-1+1}\,dx}{m-1+1\,dx} = x^m$.

4°. L'on peut sur l'inspection des formules qui concernent les autres cas, se former des regles générales d'intrégations analogues.

XXX. 5°. Lorsque la différence qu'il s'agit d'intégrer, ne peut être rapportée à aucune des formules précédentes, sous la forme dans laquelle elle est donnée ; il faut tâcher par la transformation ou la substitution, de la réduire à une autre de même valeur, laquelle soit intégrable par le moyen d'une formule d'intégration. Soit par ex. la différence $y \times \overline{b+y}^2 \times dy$, qui ne paroît pas d'abord pouvoir être rapportée à aucun cas des regles précédentes. Faisons $b+y=x$; $y=x-b$; $dy=dx$; $\overline{b+y}^2=x^2$; la substitution donne au lieu de la différentielle proposée, $\overline{x-b} \times x^2 \times dx = x^3dx - bx^2dx$, qui revient aux cas de la 2e & de la 4e regle, & dont l'intégrale est $\frac{x^{3+1}\,dx}{4dx} - \frac{bx^{2+1}\,dx}{3dx} =$

$\frac{x^4}{4} - \frac{bx^3}{3} = \frac{\overline{b+y}^4}{4} - b \times \frac{\overline{b+y}^3}{3}$. C'est ce qu'il falloit trouver.

En général, la différentielle étant $y^n \times \overline{b+y}^m \times dy$; il faut faire $x = b+y$, $dx = dy$, $y = x-b$, $y^n = \overline{x-b}^n$, $x^m = \overline{b+y}^m$; la substitution donne au lieu de la différentielle proposée, $\overline{x-b}^n \times x^m \times dx$; dont on trouve l'intégrale en élevant $x-b$ à la puissance n, en multipliant chaque terme de cette puissance par $x^m dx$ & les intégrant ensuite comme à l'ordinaire; puis substituant les valeurs de x suivant ses diverses fonctions.

XXXI. 6°. Lorsque par le moyen de la substitution, on ne peut intégrer une différence donnée; il faut la réduire en une série décroissante, dont on puisse facilement intégrer chaque terme; la somme de toutes ces intégrales particulieres pourra donner au moins d'une maniere très-approchée l'intégrale que l'on cherche.

Ou bien il faudra réduire la différence donnée à la quadrature ou à la rectification de quelqu'une des sections coniques ou autres courbes dont on puisse se servir pour cet objet. Il pourra se trouver dans le cours de ce traité * des exemples de pareilles réductions.

En voici un de celle qui se fait par le moyen des suites décroissantes, appellées autrement *convergentes.*

Si l'on avoit à intégrer $\frac{adx}{a-x}$; en divisant a par $a-x$, l'on trouvera au quotient $1 + \frac{x}{a} + \frac{x^2}{a^2} + \frac{x^3}{a^3}$, &c.

D'où l'on aura $\frac{adx}{a-x} = dx + \frac{xdx}{a} + \frac{x^2dx}{a^2} + \frac{x^3dx}{a^3}$, &c.

* V. à la fin ce que nous y disons des quadratrices.

& $\int \frac{adx}{a-x} = x + \frac{x^2}{2a} + \frac{x^3}{3a^2} + \frac{x^4}{4a^3}$, &c. Formule d'intégration dont on pourra faire usage, lorsque x sera beaucoup plus petit que a; parce qu'alors la suite devient très-convergente, & l'on n'a besoin que d'intégrer un petit nombre de termes pour trouver une somme fort approchante de celle que l'on cherche, ce qui peut suffire.

XXXII. 7°. L'on a souvent les mêmes différences, soit que les variables soient affectées de constantes, soit qu'elles ne le soient point. C'est pourquoi l'on peut faire entrer dans une intégrale différentes constantes, & même cela devient très-souvent nécessaire. La nature de la question ou du problême que l'on se propose de résoudre, détermine celles que l'on doit employer *: $\int dx = x$ & peut-être $x \pm a$; $\int ydx + xdy = xy$ & peut-être $xy \pm a^2$ ou bien $xy \pm ab$.

8°. Quoique l'on puisse différencier toute sorte de quantités; l'on ne peut pas de même intégrer toute sorte de différentielles ou du moins toute sorte de quantités où il se trouve des différentielles. L'on ne peut fort souvent avoir leurs intégrales que par approximation. C'est pourquoi il faut faire une attention sérieuse aux différentes méthodes que l'on en donne. Il seroit même bon de dresser une table des différentielles de chaque espece, que l'on n'a pu intégrer que par adresse & avec difficulté. L'on peut consulter ici la quatrieme partie du *Cours de Mathématiques par M. Bezout, de l'Académie Royale des Sciences.*

---

* L'on en trouvera un exemple dans le Problême IV. de la Méthode inverse des tangentes, n. 43.

SECONDE PARTIE
DU CALCUL INTÉGRAL.
Applications de ce Calcul.

XXXIII. L'USAGE du Calcul Intégral dans les Mathématiques pures, le seul que nous nous proposons de considérer ici ; consiste principalement dans la quadrature des surfaces planes & courbes, dans la rectification des lignes courbes, dans la cubature des solides, & dans la méthode de trouver l'équation d'une courbe par celle de sa tangente ou de sa soustangente, de sa normale ou de sa sous-normale : laquelle méthode s'appelle *Méthode inverse des Tangentes.* Ces applications du Calcul infinitésimal serviront à nous montrer de plus en plus sa parfaite correspondance avec les éléments de la Mathématique commune.

Application du Calcul Intégral à la quadrature des Courbes.

XXXIV. L'élément différentiel d'une courbe, est un rectangle, (*F. 2. Pl. 1.*) BC$rb=ydx$ formé par l'ordonnée BC$=y$ & par la différentielle dx de l'abscisse AB. Car le triangle C$rc=\frac{1}{2}dxdy$, infiniment petit par rapport à ydx. Ainsi le rectangle BCrb formé par deux ordonnées infiniment proches peut être regardé comme égal au trapeze BCcb ; & l'aire entiere de la courbe est $\int ydx$, formule générale pour la quadrature.

Si l'on substitue la valeur de dx prise dans l'équation donnée, qu'ensuite l'on intégre, on aura la quadrature que l'on cherche. Ou bien l'on substitue une valeur de y, par le moyen de laquelle on puisse intégrer ydx.

Par Ex. dans le triangle, (*F. 11. Pl. 1.*) Soit CP $= x$, MN $= y$, CD $= 2a$, AB $= 2b$; parce que MN est parallele à AB; CP. MN :: CD. AB, $x. y :: 2a. 2b$. Donc $y = \frac{2bx}{2a} = \frac{bx}{a}$. Et $ydx = \frac{bxdx}{a}$; $\int \frac{bxdx}{a} = \frac{bx^2}{2a}$. En supposant que $x = a$, comme cela arrive, lorsqu'on prend l'aire entiere du triangle, l'on a $\frac{bx^2}{2a} = \frac{ab}{2}$, comme dans les *Eléments de Géométrie*, *n.* 591.

Dans la parabole, $px = y^2$, $p^{\frac{1}{2}} x^{\frac{1}{2}} = y$; $ydx = p^{\frac{1}{2}} x^{\frac{1}{2}} dx$; $\int ydx = \frac{p^{\frac{1}{2}} x^{\frac{1}{2}+1} dx}{\frac{1}{2}+1\, dx} = \frac{p^{\frac{1}{2}} x^{\frac{1}{2}} \times x}{\frac{3}{2}} = \frac{2}{3} xy$, comme dans les *Eléments de Géométrie*, n. 4074.

Quadrature d'un espace parabolique compris entre deux ordonnées.

XXXV. Pour avoir la quadrature de l'espace parabolique PMQN, (*F. 12. Pl. 1.*) compris entre les deux ordonnées PM & QN; nous remarquerons qu'ici AP est une quantité constante, & que l'origine des abscisses doit se prendre en P. Soit donc AP $= c$, PQ $= x$, QN $= y$; AQ $= \overline{c+x}$; $y^2 = pc + px$; $y = \sqrt{pc+px}$; $ydx = dx\sqrt{pc+px}$. Comme l'intégrale de cette différentielle n'est pas facile à découvrir, il faut lui donner une autre forme, conformément à ce qui a été dit *à l'art. 5. des Regles du Calcul intégral*, n. 28. Faisons donc $\sqrt{pc+px} = z$; $pc + px = z^2$; $pdx = 2zdz$; $dx = \frac{2zdz}{p}$; $ydx = \frac{2z^2dz}{p}$; $\int ydx = \frac{2z^3}{3p} =$

$\frac{2}{3}\frac{\overline{pc+px}\times\sqrt{pc+px}}{p}=\frac{2}{3}\overline{c+x}\times\frac{\sqrt{pc+px}}{}$. Mais comme au point P, x devient o, auquel cas l'espace PMQN compris entre les deux ordonnées PM & QN ne s'étend plus ; ce qui reste dans l'intégrale, savoir $\frac{2}{3}c\sqrt{pc}$ est ce qu'il faut ajouter ou ôter, pour que l'espace QNMP se termine en P. Ici il faut ôter : ainsi l'espace parabolique QNMP $=\frac{2}{3}\overline{c+x}\times\sqrt{pc+px}-\frac{2}{3}c\sqrt{pc}$.

Effectivement PMNQ $=$ ANQ $-$ AMP. Or ANQ $=\frac{2}{3}$ AQ$\times$QN $=\frac{2}{3}\overline{c+x}\times\sqrt{pc+px}$. D'ailleurs AMP $=\frac{2}{3}$AP$\times$PM $=\frac{2}{3}c\times\sqrt{pc}$. Donc PMNQ $=\frac{2}{3}\overline{c+x}\times\sqrt{pc+px}-\frac{2}{3}c\sqrt{pc}$.

Si l'on avoit pris l'origine des abscisses en Q, AQ seroit une quantité constante $=c$; QP étant x, PM étant y ; AP seroit $c-x$; l'on auroit $pc-px=y^2$ équation au parametre ; $\sqrt{pc-px}=y$; $ydx=dx\sqrt{pc-px}$. Faisons donc, comme dans le cas précédent, $\sqrt{pc-px}=z$; $pc-px=z^2$; $pdx=-2zdz$; $dx=-\frac{2zdz}{p}$. $\int ydx=-\frac{2}{3}z^3=-\frac{2}{3}\frac{\overline{pc-px}\times\sqrt{pc-px}}{p}=-\frac{2}{3}\overline{c-x}\times\sqrt{pc-px}$. Mais pour avoir l'intégrale de l'espace cherché, il faut faire comme dans le cas précédent $x=o$; l'on aura de reste $-\frac{2}{3}c\times\sqrt{pc}$. C'est pourquoi en ajoutant dans le cas présent, $+\frac{2}{3}c\sqrt{pc}$, l'on trouvera l'espace QNMP $=\frac{2}{3}c\sqrt{pc}-$

$\frac{2}{3}\overline{c-x}\times\sqrt{pc-px}$.

Effectivement $ANQ=\frac{2}{3}AQ\times QN=\frac{2}{3}c\sqrt{pc}$; $AMP=\frac{2}{3}AP\times PM=\frac{2}{3}\overline{c-x}\times\sqrt{pc-px}$. Donc $QNMP=ANQ-AMP=\frac{2}{3}c\sqrt{pc}-\frac{2}{3}\overline{c-x}\times\sqrt{pc-px}$.

Si la courbe n'est point décrite, & que l'on en ait seulement l'équation, ensorte que l'on ignore où il faut placer l'origine des abscisses; l'on voit généralement qu'il faut supposer $x=o$ dans l'intégrale, en retrancher les quantités multipliées par x & y ajouter le reste avec un signe contraire.

Quadrature du cercle par approximation.

XXXVI. Supposons $AB=1$, (*F. 13. Pl. 1.*) $AP=x$; $PM=y$; l'équation du cercle AMDB sera $y^2=x-x^2$. $y=\sqrt{x-x^2}$; $ydx=dx\sqrt{x-x^2}=dx\times\overline{x-x^2}^{\frac{1}{2}}$. Pour intégrer cet élément, il faut extraire la racine du binome $x-x^2$. La méthode de Newton donne $x^{\frac{1}{2}}-\frac{1}{2}x^{\frac{3}{2}}-\frac{1}{2\times4}x^{\frac{5}{2}}-\frac{1\times3}{2\times4\times6}x^{\frac{7}{2}}-\frac{1\times3\times5}{2\times4\times6\times8}x^{\frac{9}{2}}$, &c. à l'infini. Par conséquent $ydx=x^{\frac{1}{2}}dx-\frac{1}{2}x^{\frac{3}{2}}dx-\frac{1\times1}{2\times4}x^{\frac{5}{2}}dx-\frac{1\times3}{2\times4\times6}x^{\frac{7}{2}}dx-\frac{1\times3\times5}{2\times4\times6\times8}x^{\frac{9}{2}}dx$, &c. à l'infini. Donc $\int ydx=\frac{2}{3}x^{\frac{3}{2}}-\frac{2}{5}x^{\frac{5}{2}}-\frac{1}{28}x^{\frac{7}{2}}-\frac{1}{72}x^{\frac{9}{2}}-\frac{5}{704}x^{\frac{11}{2}}$, &c. jusqu'à l'infini. $=\sqrt{x}$

$\times \frac{2}{3} x - \frac{1}{5} x^{2} - \frac{1}{28} x^{3} - \frac{1}{72} x^{4} - \frac{5}{704} x^{5}$, jusqu'à l'infini; Suite qui exprime la quadrature du segment AMP par une approximation infinie. Si x devient CA ; pour lors le segment devient un quart de cercle, & l'on peut approcher de la quadrature du demi cercle d'aussi près que l'on voudra.

Application du Calcul Intégral à la rectification des lignes courbes.

XXXVII. *La rectification des Courbes* consiste à trouver une ligne droite égale à une courbe. Or c'est ce que l'on obtient par le moyen du triangle différentiel Pop, (*F. 14. Pl. 1.*) dont Pp est l'hypothénuse, en même temps qu'il est le côté infiniment petit ou la différentielle de la Courbe. Il faut exprimer algébriquement cette différence qui est $Pp = \sqrt{dx^{2} + dy^{2}}$. Après avoir substitué dans cette expression la valeur de dx^{2} ou de dy^{2} prise dans l'équation de la courbe particuliere que l'on veut rectifier, on intégrera la différence, & par ce moyen l'on aura la rectification que l'on cherche.

Par ex. ayant le sinus de l'arc AP, on peut déterminer au moins d'une maniere aussi approchée que l'on voudra, la longueur de cet arc. Faisons le rayon du cercle $= 1$, $PQ = y$, AQ, x ; $y^{2} = 2x - x^{2}$; $2ydy = 2dx - 2xdx$, $ydy = dx - xdx$, $\frac{ydy}{1-x} =$

L'on peut tirer du Calcul infinitésimal, une démonstration de la méthode de Newton, qui vient d'être employée tant dans la quadrature du cercle que dans sa rectification, & dont on trouve les regles dans les *Elémens*, n. 124. & suiv.

La regle de cette méthode qui a le plus besoin d'être démontrée, c'est la quatrieme ; suivant laquelle la suite des coefficients de $a + b$ est n, $\frac{n}{1}$, $\frac{n}{1} \times \frac{n-1}{2}$, $\frac{n}{1} \times \frac{n-1}{2} \times \frac{n-2}{3}$, &c. Or l'on peut par le moyen du Calcul différentiel démontrer cette regle. Pour cela il

dx,

dx, $\frac{y^2dy^2}{1-2x+x^2} = \frac{y^2dy^2}{1-y^2}$ à cause de $2x - x^2 = y^2$; $dx^2 = \frac{y^2dy^2}{1-y^2}$; $\sqrt{dx^2+dy^2} = \sqrt{\frac{y^2dy^2}{1-y^2}+dy^2} = \sqrt{\frac{y^2dy^2+dy^2-y^2dy^2}{1-y^2}}$ $= \frac{dy}{\sqrt{1-y^2}} = dy\times\overline{1-y^2}^{-\frac{1}{2}} = dy\times 1+\frac{1}{2}y^2+\frac{3}{8}y^4+\frac{5}{16}y^6+\frac{35}{128}y^8$, &c. à l'infini. Or l'intégrale de cette série différentielle est $y+\frac{1}{6}y^3+\frac{3}{40}y^5+\frac{5}{112}y^7+\frac{35}{1152}y^9$, &c. à

---

suffit de faire voir que le binome $a+b$ peut être représenté par $\overline{1+x}\times a$, de même que $\overline{a+b}^n$ par $\overline{1+x}^n\times a^n$, & de plus que les termes consécutifs de $\overline{1+x}^n\times a^n$ ont leurs coefficients désignés par les termes de la suite trouvée par la méthode. Or nous pouvons démontrer l'un & l'autre.

1°. $a+b=\overline{1+x}\times a$. Car $a+b=\frac{a+b}{a}\times a=\overline{\frac{a}{a}+\frac{b}{a}}\times a=\overline{1+\frac{b}{a}}\times a=\overline{1+x}\times a$. Et conséquemment à cette expression, $\overline{a+b}^n=\overline{1+\frac{b}{a}}^n\times a^n=\overline{1+x}^n\times a^n$. Donc premièrement le binome $a+b$ peut être représenté par $\overline{1+x}\times a$, de même que $\overline{a+b}^n$ par $\overline{1+x}^n\times a^n$.

2°. Les termes consécutifs de $\overline{1+x}^n\times a^n$ ont leurs coefficients désignés par les termes de la suite trouvée par la méthode. Car parmi les termes consécutifs de $\overline{1+x}^n$, le premier est 1, les autres sont x, x^2, x^3, x^4, &c. dont les coefficients sont R, S, T, V, &c. par conséquent l'on a $\overline{1+x}^n=1+Rx+Sx^2+Tx^3+Vx^4$; &c. Et en différenciant, $n\times\overline{1+x}^{n-1}dx=Rdx+2Sxdx+3Tx^2dx+4Vx^3dx+$, &c. En divisant par ndx, $\overline{1+x}^{n-1}=\frac{R}{n}+\frac{2Sx}{n}+\frac{3Tx^2}{n}+\frac{4Vx^3}{n}+$, &c. Mais parmi les termes consé-

l'infini. Ce qui donne la longueur de l'arc AP. Si PQ devient 1, l'arc AP devient un quart de cercle dont le double est le demi cercle que l'on pourra rectifier par ce moyen & par conséquent tout le cercle.

---

cutifs des fonctions de $1+x$, le premier est toujours 1; ainsi $\frac{R}{n}=1$ & $R=n$. En différenciant la deuxieme formule, $\overline{n-1}\times\overline{1+x}^{n-2}dx=\frac{2Sdx}{n}+\frac{6Txdx}{n}+\frac{12Vx^2dx}{n}$; & en divisant par $n-1dx$, $\overline{1+x}^{n-2}=\frac{2S}{n\times n-1}+\frac{6Tx}{n\times n-1}+\frac{12Vx^2}{n\times n-1}$. Mais le premier terme de la fonction $n-2$ de $1+x$ est toujours 1; ainsi $\frac{2S}{n\times n-1}=1$ & $S=\frac{n\times n-1}{2}$. En différenciant la troisieme formule, $n-2\times\overline{1+x}^{n-3}dx=\frac{6Tdx}{n\times n-1}+\frac{24Vxdx}{n\times n-1}$; & divisant par $n-2dx$, $\overline{1+x}^{n-3}=\frac{6T}{n\times\overline{n-1}\times\overline{n-2}}+\frac{24Vx}{n\times n-1\times n-2}$. Mais le premier terme de la fonction $n-3$ de $1+x$ est toujours 1; ainsi $\frac{6T}{n\times\overline{n-1}\times\overline{n-2}}=1$ & $6T=n\times n-1\times n-2$: $T=\frac{n\times n-1\times n-2}{6}=n\times\frac{n-1}{2}\times\frac{n-2}{3}$. Il est facile de voir par là qu'en différenciant la quatrieme formule, l'on trouveroit pour valeur du quatrieme coefficient V, $n\times\frac{n-1}{2}\times\frac{n-2}{3}\times\frac{n-3}{4}$, & ainsi des autres. Donc les termes consécutifs de $\overline{1+x}^n$ ont leurs coefficients désignés par les termes de la suite, &c. C. Q. F. D.

Si l'on veut maintenant ajouter les coefficients aux fonctions des termes du binome, l'on aura $\overline{1+x}^n\times a^n=\overline{1+\frac{bx}{a}}\times a^n=1+nx+n\times\frac{n-1}{2}x^2+n\times\frac{n-1}{2}\times\frac{n-2}{3}x^3+n\times\frac{n-1}{2}\times\frac{n-2}{3}\times\frac{n-3}{4}x^4$,

Application du Calcul Intégral à la Cubature des Solides.

XXXVIII. Les ſolides peuvent être conſidérés comme des ſphéroides ou leurs équivalents, formés par la révolution d'une courbe qui tourne autour d'un axe, & dont on conçoit l'aire diviſée en une infinité de petits parallelogrammes. Ces éléments forment dans leur révolution des cylindres infiniment petits qui ont pour hauteur la différentielle des abſciſſes de la courbe, & pour baſe le cercle décrit par l'ordonnée qui forme la baſe du petit parallélogramme générateur. En ſuppoſant donc le rapport du rayon à la circonférence, $\frac{n}{m}$; la circonférence dont l'ordonnée eſt le rayon, ſe trouve en faiſant $n . m :: y . \frac{m}{n} y$: en multipliant ce périmetre par la moitié de ſon rayon: l'on a $\frac{m}{2n} y^2$ pour l'aire du cercle décrit par l'ordonnée : cette aire multipliée par ſa hauteur dx, donne le cylindre $\frac{m}{2n} y^2 dx$, élément infiniment petit du ſolide. Subſtituez une valeur d'y^2 priſe dans l'équation de la courbe donnée, intégrez & vous aurez la cubature cherchée.

&c. $= a^n + \frac{n a^n b}{a} + n \times \frac{n-1}{2} a^n \frac{b^2}{a^2} + n \times \frac{n-1}{2} \times \frac{n-2}{3} \frac{a^n b^3}{a^3} + n \times \frac{n-1}{2} \times \frac{n-2}{3} \times \frac{n-3}{4} \frac{a^n b^4}{a^4}$, &c. $= a^n + n a^{n-1} b + n \times \frac{n-1}{2} a^{n-2} b^2 + n \times \frac{n-1}{2} \times \frac{n-2}{3} a^{n-3} b^3 + n \times \frac{n-1}{2} \times \frac{n-2}{3} \times \frac{n-3}{4} a^{n-4} b^4 = \overline{a+b}^n$, conformément à ce que l'on trouve par la méthode de Newton.

XXXIX. Dans le cône formé par la révolution d'un triangle rectangle, (*F. 15. Pl. 2.*) ACD autour de l'axe CD, AC étant n, DC a, PD x, PM $y = \frac{nx}{a}$, $y^2 = \frac{n^2x^2}{a^2}$; $\frac{m}{2n} y^2 dx = \frac{mn^2x^2}{2a^2n} dx = \frac{mnx^2}{2a^2} dx$. $S \frac{m}{2n} y^2 dx = \frac{mnx^3}{6a^2}$, ce qui donne la ſolidité de la portion conique compriſe depuis P juſqu'en D. Mais ſi x devenoit a; pour lors la ſolidité du cône entier ſeroit $\frac{mna^3}{6a^2} = \frac{mna}{6} = \frac{1}{2} mn \times \frac{1}{3} a$. C'eſt-à-dire que la ſolidité du cône eſt égale au produit de ſa baſe multipliée par le tiers de ſa hauteur, comme nous avons vu dans les *Eléments de Géométrie*, n. 757.

Dans la ſphere le rayon étant n, l'équation du cercle générateur eſt $y^2 = 2nx - x^2$; $\frac{m}{2n} y^2 dx = mx dx - \frac{m}{2n} x^2 dx$; $\int \frac{m}{2n} y^2 dx = \frac{mx^2}{2} - \frac{m}{6n} x^3$, ce qui donne la ſolidité d'un ſegment de ſphere indéterminé qui a pour rayon n & pour cercle générateur celui dont la circonférence eſt m. Ainſi en ſuppoſant x égal au diametre $2n$ pour avoir la ſphere entiere ; l'on trouvera $\int \frac{m}{2n} y^2 dx = \frac{mx^2}{2} - \frac{m}{6n} x^3 = 2mn^2 - \frac{8mn^2}{6} = \frac{12mn^2 - 8mn^2}{6} = \frac{2}{3} mn^2 = m \times 2n \times \frac{1}{3} n$. C'eſt-à-dire que la ſolidité de la ſphere eſt égale au produit de ſa ſurface par le tiers de ſon rayon ou bien au produit de la circonférence d'un de ſes grands cercles par le tiers de ſon rayon, comme dans les *Eléments de Géometrie*, n. 759.

Dans le paraboloïde, $y^2 = px$; $\frac{m}{2n} y^2 dx = \frac{m}{2n} px\,dx$; $\int \frac{m}{2n} y^2 dx = \frac{m}{4n} px^2 = \frac{mpx}{2n} \times \frac{x}{2} = \frac{my^2}{2n} \times \frac{x}{2}$. Or $\frac{m}{2n} y^2$ marque la surface du cercle qui sert de base au paraboloïde. Donc ce solide est égal au produit de sa base par la moitié de sa hauteur ou bien égal à la moitié du cylindre circonscrit. Comme dans les *Eléments*, n. 1075.

Dans l'ellipsoïde, $y^2 = px - \frac{px^2}{2a}$; $\frac{m}{2n} y^2 dx = \frac{mpxdx}{2n} - \frac{mpx^2dx}{4an}$. $\int \frac{m}{2n} y^2 dx = \frac{mpx^2}{4n} - \frac{mpx^3}{12an}$. Ce qui donne la solidité d'un segment indéterminé de l'ellipsoïde, lequel auroit pour hauteur x. Mais en supposant $x = 2a$ pour avoir l'ellipsoïde entier; l'on trouvera $\int \frac{m}{2n} y^2 dx = \frac{4mpa^2}{4n} - \frac{8mpa^3}{12an} = \frac{4 \times 12mpa^3}{48an} - \frac{8 \times 4mpa^3}{48an} = \frac{1mpa^2}{3n}$. Si d'ailleurs on suppose le diametre $= 2n$, pour lors $4n^2 = 2ap$, $2n^2 = ap$; & la solidité de l'ellipsoïde est $\frac{2mn^2 \times a}{3n} = \frac{1}{3} mn \times 2a$. Mais le cylindre qui lui seroit circonscrit au petit axe seroit $\frac{1}{2} mn \times 2a$. Donc ce cylindre seroit à l'ellipsoïde, comme $\frac{1}{2} mn \times 2a$. $\frac{1}{3} mn \times 2a :: 3.2$. *C'est-à-dire, que l'ellipsoïde est les deux tiers du cylindre circonscrit* Eléments de Géométrie, n. 1077.

Dans l'hyperboloïde, $y^2 = px + \frac{px^2}{2a}$; $\frac{m}{2n}y^2dx = \frac{m}{2n}pxdx + \frac{m}{4an}px^2dx$. $\int \frac{m}{2n}y^2dx = \frac{mpx^2}{4n} + \frac{mpx^3}{12an}$. Pour l'hyperbole équilatere dans laquelle $y^2 = 2ax + x^2$, l'on aura $\int \frac{m}{2n}y^2dx = \int \frac{2m}{2n}axdx + \frac{m}{2n}x^2dx = \frac{m}{2n}ax^2 + \frac{m}{6n}x^3$. Et si la hauteur de l'hyperboloïde ou $x = 2a$; l'on aura en général pour un hyperboloïde quelconque, $\frac{4a^2mp}{4n} + \frac{8a^3mp}{12an} = \frac{a^2mp}{n} + \frac{2a^2mp}{3n} = \frac{5a^2mp}{3n}$.

Application du Calcul Intégral à l'évaluation des superficies courbes.

XL. Les surfaces courbes, telles que sont celles des solides, ont pour éléments des surfaces infiniment petites formées par la révolution de la courbe génératrice. Ces surfaces infiniment petites qu'on peut regarder comme appartenantes à des parallélipipedes, des cylindres ou des cônes tronqués, sont donc égales au produit de la circonférence de leur base par leur hauteur. Cette hauteur peut être marquée par la différentielle de la courbe génératrice, tandis que la base sera la circonférence qui aura pour rayon une ordonnée de cette courbe. Or nous avons vu dans *la rectification des lignes courbes*, n. 37. que la différentielle de la courbe génératrice est $\sqrt{dx^2 + dy^2}$. Supposant toujours le rapport de la circonférence au rayon, $\frac{m}{n}$, l'on a pour la circonférence dont l'ordonnée eſt le rayon, $\frac{m}{n}y$; & pour formule générale de l'évaluation des ſuperficies courbes, $\frac{m}{n}y\sqrt{dx^2+dy^2}$. Il faut ſubſtituer à la place de dx^2 ou dy^2 ſa valeur tirée de l'équation de la courbe génératrice, pour avoir l'évaluation de la ſurface d'un ſolide particulier.

XLI. Pour le cône, l'équation du triangle générateur eſt $x = \frac{ay}{n}$ (*n. 39.*) PD étant x, (*F. 15. Pl. 2.*) PM y, DC a, CA n ; donc $dx^2 = \frac{a^2dy^2}{n^2}$; $\frac{m}{n}y\sqrt{dx^2+dy^2} = \frac{m}{n}y\sqrt{\frac{a^2dy^2}{n^2}+dy^2} = \frac{m}{n}y\sqrt{\frac{a^2dy^2+n^2dy^2}{n^2}} = \frac{m}{n^2}ydy\sqrt{a^2+n^2}$. $\int\frac{m}{n}y\sqrt{dx^2+dy^2} = \frac{m}{2n^2}y^2\sqrt{a^2+n^2}$. En ſuppoſant $n = y$, ſavoir lorſque PM devient CA ; l'on trouvera $\frac{m}{2}\sqrt{a^2+n^2}$ pour la ſuperficie convexe du cône entier, c'eſt-à-dire $\frac{m}{2}\times$ AD. Ce qui donne la ſurface du cône *égal au produit de l'apotheme par la moitié de la circonférence de la baſe.* Éléments de Géométrie, n. 725.

Pour la ſphere, prenant l'équation du cercle générateur, comme dans la quadrature du cercle, (36) $y = \sqrt{x - x^2}$; j'ai $dy = \frac{\frac{1}{2}dx - xdx}{\sqrt{x-x^2}}$, $dy^2 = \frac{\frac{1}{4}dx^2 - xdx^2 + x^2dx^2}{x - x^2}$. Subſtituant dans la formule générale la valeur des quantités y & dy^2 ; je trouve

$\frac{m}{n}\sqrt{x-x^2}\sqrt{\frac{dx^2+\frac{1}{4}dx^2-xdx^2+x^2dx^2}{x-x^2}}=\frac{m}{n}\sqrt{x-x^2}$

$\sqrt{\frac{xdx^2-x^2dx^2+\frac{1}{4}dx^2-xdx^2+x^2dx^2}{x-x^2}}=\frac{m}{n}\sqrt{\frac{1}{4}dx^2}=$

$\frac{m}{2n}dx.\ \int\frac{m}{n}y\sqrt{dx^2+dy^2}=\frac{m}{2n}x.$ Or dans l'équation du cercle générateur que nous avons prise, $n=\frac{1}{2}$; ainsi $\int\frac{m}{n}y\sqrt{dx^2+dy^2}=mx$. Ce qui exprime la la surface d'un segment de la sphere, dans lequel x marque la hauteur. Si donc x devient le diametre $=1=a$, $mx=ma$. C'est-à-dire que la surface de la sphere est égale au produit de la circonférence d'un de ses grands cercles par son diametre. *Eléments*, n. 735.

Pour la surface du paraboloïde, l'équation de la parabole génératrice est $y^2=px$, d'où $dx^2=\frac{4y^2dy^2}{p^2}$. $\frac{m}{n}y\sqrt{dx^2+dy^2}=\frac{m}{n}y\sqrt{\frac{4y^2dy^2}{p^2}+dy^2}=\frac{m}{n}y\sqrt{\frac{4y^2dy^2+p^2dy^2}{p^2}}=\frac{m}{np}ydy$ $\sqrt{4y^2+p^2}$. Cette différence peut être réduite par la substitution à une autre de même valeur, laquelle soit intégrable (suivant ce que nous avons dit *à l'art. 5. des principes & des regles du Calcul Intégral*, nombre 30.) Faisons donc $\sqrt{4y^2+p^2}=z$; $4y^2+p^2=z^2$; $8ydy=2zdz$, $ydy=\frac{zdz}{4}$; $\frac{m}{np}ydy\sqrt{4y^2+p^2}=\frac{mz^2dz}{4np}$. $\frac{m}{np}ydy\sqrt{4y^2+p^2}=\frac{mz^2dz}{4np}$. $\int\frac{m}{np}ydy\sqrt{4y^2+p^2}=\frac{mz^3}{12np}=\frac{m}{12np}\times\overline{4y^2+p^2}\sqrt{4y^2+p^2}$.

Mais comme nous cherchons la ſurface du paraboloide comptée depuis ſon ſommet, y devient zero : & ce qui reſte dans l'intégrale eſt $\frac{mp^2}{12n}$, qu'il faut y ajouter avec un ſigne contraire *. Nous aurons donc pour la ſuperſicie totale du paraboloide, $\frac{m}{12np} \times \overline{4y^2+p^2}\sqrt{\overline{4y^2+p^2}} - \frac{mp^2}{12n}$.

Par ce que nous venons de dire, l'on peut juger des autres exemples.

Application du Calcul Intégral à la Méthode inverſe des Tangentes.

XLII. La méthode inverſe des tangentes conſiſte à trouver une courbe dont on connoît quelques propriétés eſſentielles, qui ſe manifeſtent par le moyen de la tangente, de la ſous-tangente, de la normale, de la rectification de la courbe, &c. Voici ce qu'il s'agit de faire en pareil cas. Il faut mettre l'expreſſion des propriétés connues en équation avec l'expreſſion générale différentielle convenable au cas dont il s'agit. L'expreſſion par exemple d'une tangente, d'une ſous-tangente, d'une aire, &c. particuliere avec les expreſſions générales des tangentes, ſous-tangentes, aires, &c. Il faut chercher enſuite l'intégrale de l'équation différentielle qui en réſultera, & par ce moyen l'on aura l'équation de la courbe qu'il s'agit de trouver, comme on peut voir dans la ſolution des problêmes ſuivants.

PROBLÊME I.

Si l'on propoſoit de trouver la courbe dans laquelle la ſous-tangente eſt $\frac{2y^2}{p}$.

---

* V. ce que nous avons dit de la quadrature d'un eſpace paraboligue compris entre deux ordonnées, n. 35.

Mettons cette expression donnée en équation avec l'expression générale différentielle des sous-tangentes; nous aurons $\frac{2y^2}{p} = \frac{ydx}{dy}$; $2y^2dy = pydx$; $2ydy = pdx$; & en intégrant $y^2 = px$, équation de la parabole.

PROBLÊME II.

XLIII. *Trouver la nature de la Courbe dans laquelle la sous-tangente est troisieme proportionnelle à* $a - x$ *&* y.

SOLUTION. $\frac{y^2}{a-x} = \frac{ydx}{dy}$, $\frac{y}{a-x} = \frac{dx}{dy}$, $ydy = adx - xdx$; $\frac{y^2}{2} = ax - \frac{x^2}{2}$, $y^2 = 2ax - x^2$. Equation qui exprime la nature du cercle.

PROBLÊME III.

Trouver la nature de la Courbe dans laquelle la sous-tangente égale l'ordonnée.

SOLUTION. Par la donnée du problême, $y = \frac{ydx}{dy}$, $ydy = ydx$, $dy = dx$, $y = x$. Or tel est le triangle rectangle isocele, qui a pour axe son hypothénuse.

PROBLÊME IV.

Trouver la nature de la Courbe dont la normale est constante.

SOLUTION. Désignons cette normale par n; $\frac{y}{dx}\sqrt{dy^2 + dx^2} = n$, (17) $y\sqrt{dy^2 + dx^2} = ndx$,

$y^2dy^2+y^2dx^2=n^2dx^2$, $y^2dy^2=n^2dx^2-y^2dx^2$, $ydy=dx\sqrt{n^2-y^2}$, $\frac{ydy}{\sqrt{n^2-y^2}}=dx$; en transposant les membres de l'équation & les intégrant, $\sqrt{n^2-y^2}=-x$ ou $n-x$, suivant ce qui a été dit *à l'art. 7.* des principes & regles du Calcul Intégral, n. 28. Or c'est dans le cercle que $\sqrt{n^2-y^2}$ peut égaler $n-x$.

PROBLÊME V.

Trouver la Courbe qui a pour sous-normale $a-x$.

SOLUTION. $\frac{ydy}{dx}=a-x$, $ydy=adx-xdx$; $\frac{y^2}{2}=ax-x^2$, $y^2=2ax-x^2$. La Courbe cherchée est encore le cercle.

GÉOMÉTRIE DES COURBES.

XLIV. DEUX lignes droites telles que AB, DE, (*Fig.* 16. 17. 18. 19. *Pl.* 2.) étant posées sur un plan, & faisant entre elles un angle quelconque ACE; si l'on conçoit qu'une autre droite PM s'approche ou s'éloigne du point de rencontre C des deux autres, le long de DE, en demeurant toujours parallele à AB; la trace que décrira le point M sera une ligne droite, si les accroissements ou décroissements de PM se font dans un rapport simple & constant, comme il arrive aux ordonnées du triangle. Cette trace sera une ligne courbe, si les augmentations ou diminutions de PM se font dans un rapport composé, comme il arrive aux ordonnées des autres sections coniques.

Ce rapport composé suivant lequel ces sortes de lignes croissent ou décroissent, peut être constant ou ne le pas être. Dans le premier cas, la courbe décrite sera une courbe *algébrique*; c'est-à-dire une courbe dont le lieu algébrique sera connu & conviendra également à tous ses points, comme on peut le voir par les sections coniques. Dans le second cas, elle sera *transcendante*, c'est-à-dire, qu'on n'en pourra assigner le lieu ou l'équation algébrique.

Les Courbes algébriques sont encore distinguées des transcendantes, en ce que celles-là n'ont pour coordonnées que des lignes droites; tandis que celles-ci peuvent avoir pour coordonnées ou une droite & une courbe, ou deux lignes courbes. Ces deux especes de courbes, ainsi que les solides qu'elles produisent, forment proprement l'objet de la Géométrie des Courbes, qu'on appelle encore Géométrie sublime, Géométrie transcendante.

Toutes les Courbes algébriques dont l'équation est du même degré, s'appellent courbes du même genre.

Nous allons parler des principales propriétés de différentes courbes algébriques. Nous traiterons ensuite de quelques courbes transcendantes.

De la Cissoïde.

XLV. Au point B, (*F. 20. Pl. 2.*) du demi cercle ANB, si l'on mene la tangente BG indéfinie, si par le point A qui est à l'opposite, on tire une infinité de lignes telles que AR, AV, AG, lesquelles coupent le demi cercle aux points E, D, N, & la tangente aux points R, V, G, &c. Si l'on prend sur chaque sécante à compter de l'extrêmitè A du diametre AB, une partie intérieure toujours égale à la partie extérieure comprise entre le cercle & la tangente, AM par exemple = ER, & au contraire en comptant du point d'intersection de la tangente, une partie de la sécante égale à sa partie intérieure; l'on déterminera par ce moyen les points A, M, D, M de la Courbe AMDM.

Cette Courbe est la Cissoïde de Diocles, qui en fut l'inventeur.

Nous donnerons en parlant de la description des Courbes, la maniere de décrire méchaniquement la Cissoïde. En voici les propriétés.

1°. Si par un point M de la courbe & un point E du cercle par lequel passe AR, l'on tire les lignes PN, FE perpendiculaires au diametre AB; ces lignes seront paralleles, & le triangle ABR donnera AP. FB : : AM. ER. Mais par la construction de la figure, AM = ER, donc AP = FB. Donc AP + PF = PF + FB; AF = PB. Ce qui est particulier à cette Courbe.

Une ligne AN passant par l'extrêmité N de la perpendiculaire PM que l'on a menée par le point M de la courbe pris sur une sécante AR & que l'on a prolongée jusqu'à la rencontre de la circonférence ; cette ligne AN ira couper dans un point M de la courbe, la perpendiculaire FE qui passe par un point E commun au cercle & à la sécante A R. par où l'on peut encore déterminer d'une autre maniere les points de la courbe. L'on en peut toujours assigner deux, l'un au dessus, l'autre au dessous du point D ; auquel la demie circonférence est coupée en deux parties égales par la courbe. Car AC. CB : : AD. DV. Or AD = DV, donc AC = CB.

2°. La tangente BG perpendiculaire au diametre AB, est l'asymptote de la Cissoïde, c'est-à-dire qu'elle ne sauroit la rencontrer qu'à une distance infinie, quoiqu'elle s'en approche toujours. Car suivant ce que nous venons de dire dans l'art. precédent, en prenant sur le diametre du cercle deux points également distants du centre, en élevant sur ces deux points deux perpendiculaires, & tirant par l'origine A de la courbe & par les points d'intersection N, E des deux perpendiculaires avec le cercle, deux lignes qui aillent couper l'une en dedans, l'autre en dehors du cercle, les perpendiculaires prolongées, s'il en est besoin ; l'on détermine en même temps deux points de la Cissoïde. Or il est évident qu'en éloignant les perpendiculaires du centre du cercle, les points M de la Cissoïde se rapprochent de la ligne BG & conséquemment la courbe s'en rapproche aussi. Mais d'ailleurs la Cissoïde ne sauroit rencontrer BG qu'à une distance infinie. Car les AG étant inclinées au diametre, le point N ne se confondra pas avec le point A ; AN aura toujours quelque longueur, de même que son égal MG ; ainsi il y aura toujours quelque distance entre les points M de la courbe & la ligne BG. Donc, &c.

Nous démontrerons encore la même chose ci-après par le moyen du lieu algébrique de la Cissoïde.

3°. En achevant le cercle & faisant au dessous du diametre AB la même construction qu'au dessus, l'on a une seconde branche de la courbe qui va toujours en s'écartant de la premiere, & dont les points correspondants sont autant éloignés du diametre que ceux de la premiere branche. Par où l'on voit que AB est l'axe de la courbe, AP l'abscisse, MP l'ordonnée, MM la double ordonnée.

4°. AF. FE : : FE. FB ; de plus AF. PN : : PN. AP ; mais AF. PN : : AP. PM ; donc PN. AP : : AP. PM. de de même aussi ∺ AP. PN. AF. FM. Ce qui donne quatre lignes en proportion continue.

Usage de la Cissoïde pour la duplication du Cube.

XLVI. La duplication du Cube dépend de deux moyennes proportionnelles * entre deux lignes données, telles que CR & RT. (*F. 21. Pl. 2.*) Or c'est à quoi peut servir la Cissoïde; les anciens l'employoient à cet effet. Voici comment l'on peut y parvenir.

Décrivons un cercle qui ait pour rayon CR la plus grande des lignes données, & dont le diametre coupe à angle droit le diametre CD. Construisons une Cissoïde dont l'origine soit en A. Portons RT la plus petite des deux lignes données sur CR, du centre R au point T. De B menons BT qui aille couper la Cissoïde en quelque point H. De A menons par H la corde A*o*; laquelle coupant CR en quelque point L, déterminera RL pour la premiere des deux moyennes proportionnelles, & celle-ci fera trouver la seconde.

Effectivement tirons HM parallele à CD; nous aurons, par *l'art. 4. précédent*, BF. FM :: FM. FA :: FA. FH. Donc BF^3. FM^3 :: BF. FH; & BF. FM :: FA. FH. Mais FA. FH :: AR = CR. RL. Donc BF. FM :: CR. RL; BF^3. FM^3 :: CR^3. RL^3; CR^3. RL^3 :: BF. FH. Or BF. FH :: BR = CR. RT. Donc CR^3 RL^3 :: CR. RT. Ainsi RL est la premiere des deux moyennes proportionnelles cherchées. Car appellant la deuxieme z, & faisant la proportion, CR. RL :: RL. z :: z. RT; l'on aura CR^3 RL^3 :: CR. RT. Et par le moyen de l'avant-derniere proportion l'on déterminera la valeur de z. Ainsi l'on aura deux moyennes proportionnelles entre les deux lignes données.

PROBLÊME.

Trouver le lieu algébrique de la Cissoïde.

XLVII. SOLUTION. Supposons, (*F. 20. Pl. 2.*) AB $= a$, AP x, PM y, PB ou FA $a - x$, PN $= \sqrt{ax - x^2}$. Nous avons par *l'art. 4. du n. 45.* ∺ PN. AP. PM. $\sqrt{ax - x^2}$. x :: x. $y = \frac{x^2}{\sqrt{ax - x^2}}$. Lieu algébrique de la Cissoïde. D'où

* Elémens de Géométrie, n. 785.

nous avons $y^2 = \frac{x^4}{ax - x^2}$, $x^3 = y^2 \times \overline{a - x}$.

Par conséquent dans la Cissoïde de Diocles, le Cube de l'abscisse est égal au produit du quarré de l'ordonnée multiplié par la portion du diametre du cercle générateur qui se trouve comprise entre l'asymptote de la Courbe & l'ordonnée.

Nous pouvons démontrer ici ce que nous avons déja démontré ci-devant, que la ligne B G est asymptote de la Cissoïde.

En supposant $x = a$, & substituant cette valeur dans l'équation de la Courbe, nous avons $a^3 = y^2 \times \overline{a - a}$; $\frac{a^3}{o} = y^2$; $a^3 . y^2 :: o . 1$. Donc l'ordonnée BG devient pour lors infinie & ne rencontre la courbe qu'à une distance infinie.

La sous-tangente dans la Cissoïde peut se déterminer ainsi.

$y^2 = \frac{x^3}{a - x}$. Donc $2ydy = \frac{3ax^2dx - 2x^3dx}{\overline{a - x}^2}$. $dx = \frac{2ydy \times \overline{a - x}^2}{3ax^2 - 2x^3}$.

Et la sous-tangente * $= \frac{ydx}{dy} = \frac{2y^2 \times \overline{a - x}^2}{3ax^2 - 2x^3} = \frac{2x^3 \times a - x}{3ax^2 - 2x^3}$

$= \frac{2 \times \overline{ax - x^2}}{3a - 2x}$. Ce qui donne $3a - 2x . a - x :: 2x$ à la sous-tangente.

La sous-normale dans la même courbe se détermine de cette maniere. $2ydy = \frac{3ax^2dx - 2x^3dx}{\overline{a - x}^2}$. $\frac{ydy}{dx} =$ la sous-normale ** $= \frac{3ax^2 - 2x^3}{2 \times \overline{a - x}^2}$.

La quadrature de la Cissoïde n'est point connue. On peut en approcher à l'infini. En supposant 1 le diametre du cercle générateur, comme nous avons fait pour la quadrature des cercles dans les applications du Calcul Intégral; l'on a

---

* Applications du Calcul différentiel, n. 14.

** Applications du Calcul différentiel, n. 16.

$$y^2 = \frac{x^3}{1-x}; \; y = \frac{x\sqrt{x}}{\sqrt{1-x}} = \frac{x^{\frac{3}{2}}}{\overline{1-x}^{\frac{1}{2}}} = x^{\frac{3}{2}} \times \overline{1-x}^{-\frac{1}{2}};$$

Extrayant cette racine par la Méthode de Nevvton, l'on trouvera par le moyen de la formule des quadratures dont nous nous sommes servis dans le Calcul intégral pour les autres courbes, la quadrature approchée de la Cissoïde de Diocles.

De la Conchoïde.

XLVIII. En tirant, (*F. 22. Pl. 2.*) deux lignes perpendiculaires l'une sur l'autre, BQ, AC, menant sur BQ par le point C une infinité de lignes prolongées à volonté; prenant sur AC une portion constante FA, que l'on porte sur chacune des obliques tirées du point C, pour avoir leurs parties QM SM continuellement égales à FA, faisant passer par leurs extrêmités une ligne continue; l'on aura une courbe que les anciens ont appellée *Conchoïde*, en latin *Conchylis*, dénomination tirée de sa ressemblance avec un certain coquillage. On la nomme encore Conchoïde de Nicomede, qui en fut l'inventeur. Les anciens en ont fait usage pour la duplication du Cube. Sur quoi l'on peut consulter le *Traité des Courbes par M. de la Chapelle.*

A l'opposite de cette premiere Conchoïde, l'on peut en former une autre, en portant la constante FA sur les obliques au dessous de BQ, à compter des points Q & S d'intersection. C'est ce qu'on appelle seconde Conchoïde, laquelle est inférieure.

La ligne BQ s'appelle la regle de la Courbe, le point C d'où partent les obliques en est le pôle, & ces obliques terminées par la Conchoïde, en sont les rayons générateurs.

La regle BQ est l'asymptote des deux Conchoïdes. C'est-à dire qu'elles ne sauroient la rencontrer qu'à une distance infinie, quoiqu'elles s'en approchent toujours. 1°. Cela est vrai de la Conchoïde supérieure. Car QM de même que SM va toujours en s'écartant du sommet A, en s'inclinant sur la regle BQ. Donc la distance de chaque point M de la Courbe diminue sans cesse, & la Conchoïde s'approche de la regle. Mais elle ne peut la rencontrer qu'à une distance infinie, puisque les rayons générateurs sont des obliques prolongées au-delà de BQ; & que l'attouchement de la Courbe avec la regle ne sauroit arriver qu'autant que QM deviendra tellement incliné sur BQ, qu'il pourra être

regardé

regardé comme parallele à cette ligne : ce qui ne peut arriver qu'à une distance infinie. 2°. Il en est de même de la seconde Conchoïde, puisque QN s'incline sur BQ en s'écartant de CF jusqu'à ce qu'elle lui devienne comme parallele, & que la courbe parvienne à toucher BQ.

PROBLÊME.

Trouver le lieu algébrique de la Conchoïde.

XLIX. SOLUTION. Supposons $AF = QM = a$, $PF = MR = x$, $PM = FR = y$, CF, b; nous aurons $CP = b + x$. A cause des triangles MQR, CFQ semblables; $MR = PF.\ MQ :: CF.\ CQ$; $x.\ a :: b.\ \frac{ab}{x}$. Donc $CM = \frac{ab}{x} + a = \frac{ab + ax}{x}$. Ce qui donne PF. PC :: QM. CM. D'ailleurs $CM^2 = y^2 + b^2 + 2bx + x^2 = \frac{a^2b^2 + 2a^2bx + a^2x^2}{x^2}$. Ainsi $y^2x^2 + b^2x^2 + 2bx^3 + x^4 = a^2b^2 + 2a^2bx + a^2x^2$. D'où $x^4 + 2bx^3 + y^2x^2 - 2a^2bx - a^2b^2 = 0$. Lieu algébrique de la Conchoïde supérieure.

$$\begin{array}{l} x^4 + 2bx^3 + y^2x^2 - 2a^2bx - a^2b^2 = 0 \\ - a^2x^2 \\ + b^2x^2 \end{array}$$

Quant à l'inférieure. Supposons $FE = a$, $FV\ x$, $VN\ y$; $CV = b - x$. Nous avons CF. CV :: CQ. CN, $b.\ b - x :: \frac{ab}{x}.\ \frac{ab - ax}{x}$. D'ailleurs $CN^2 = \frac{a^2b^2 - 2a^2bx + a^2x^2}{x^2} = y^2 + b^2 - 2bx + x^2$. Ainsi

$$\begin{array}{l} x^4 - 2bx^3 + x^2y^2 + 2a^2bx - a^2b^2 = 0. \\ - a^2x^2 \\ + b^2x^2 \end{array}$$

Lieu algébrique de la seconde Conchoïde.

SCHOLIE. Dans la construction précédente de la Conchoïde, l'on a fait continuellement $QM = AF$. Mais l'on pourroit supposer entre ces deux quantités un autre rapport que celui d'égalité. L'on peut faire par Ex. QM. AF :: CF. CQ. Pour lors il en résultera une autre espece de conchoïde. Et si l'on fait généralement $CF^m.\ CQ^m :: QM^n.\ AF^n$; on aura des conchoïdes de tous les genres.

En supposant $CF = b$, $AF\ a$, $PM\ y$, $PF\ x$; l'on a $CP = b + x$; $CP^2 = b^2 + 2bx + x^2$; $CM^2 = y^2 + b^2 + 2bx + x^2$. Or ∺ CP. CM. CF. CQ. PF. QM.

Donc CP. CM :: CF. CQ.

CP. CM :: PF. QM.

Et par conséquent CP^2. CM^2 :: $CF \times PF$. $CQ \times QM$. Mais par la supposition, $CQ \times QM = AF \times CF$. Donc aussi ∺ CP^2. CM^2. $CF \times PF$. $CF \times AF$. PF. AF. ou $b^2 + 2bx + x_2$. CM^2 :: x. a. Et $CM^2 = \dfrac{ab^2 + 2abx + ax^2}{x} = y^2 + b^2 + 2bx + x^2$. Ainsi

$$\begin{array}{l} x^3 + 2bx^2 + y^2x - ab^2 = \\ \quad - ax^2 - 2abx \\ \quad + b^2x \end{array}$$

0. Lieu algébrique de cette espece de conchoïde.

De la Logarithmique.

L. Après avoir joint à angle droit deux lignes telles que Ai, AF, (*F. 23. Pl. 3.*) si l'on conçoit un point partant de A & parcourant des parties égales, AC, CD, DE, &c. tandis que de l'extrêmité de la ligne AB portion prise à volonté sur l'autre perpendiculaire, & qu'on peut regarder comme l'unité, un autre point parcourt successivement en montant des parties Bf, fg, gh, hi, &c. ou bien en descendant, les parties Be, ed, dc, cb, &c. toutes continuellement proportionnelles chacune à l'autre portion correspondante de Ai ; en sorte que l'on ait toujours Bf. BA :: fg. fA :: gh. gA :: hi. hA ; ou bien que le rapport de Be à eA, de ed à dA, de dc à cA, de cb à bA, soit toujours constant ; & que de cette maniere le point parti de B arrive en f, lorsque le point parti de A arrivera en C & ainsi continuellement de même ; si l'on éleve par les points C, D, E, F, &c. des lignes paralleles à la perpendiculaire Ai, & par les points b, c, d, e, f, &c. d'autres paralleles à la perpendiculaire AF, lesquelles iront couper les premieres aux points M, N, R, S ; l'on aura évidemment Ab, Ac, Ae, AB, Af, Ag, &c. continuement proportionnels. Car par la construction ∺ bc. bA. cd. cA. de. dA. eB. eA. Bf. BA. fg. fA, &c. *Addendo*, ∺ $bc + bA$. bA. $cd + cA$. cA. $de + dA$. dA. $eB + eA$. eA. $Bf +$ BA. BA. $fg + fA$. fA. &c. ou bien ∺ cA. bA. dA. cA. eA. dA. BA. eA. fA. BA. gA. fA. *Invertendo*, ∺ bA. cA. cA. dA. dA. eA. eA. BA. BA. fA. fA. gA. &c. par conséquent les intervalles successivement parcourus par le point parti de A & arrivant aux points C, D, E, F, &c. donnent les mesures des rapports des lignes AB, CM, DN, ER, FS continuellement correspondantes à ces points. Car comme le point parti de A parcourt en se mouvant la différence de chaque intervalle successif; & comme d'ailleurs, lorsque ce point a parcouru deux de ses différences, le point parti de B parcourt de son côté des parties successivement proportionnelles entre elles; les intervalles successivement parcourus marquent le quotient des rapports qui se trouvent entre les lignes AB, CM, &c. Car si l'un de ces intervalles est double de l'autre, le rapport est doublé; si l'intervalle est triple, le rapport devient triplé, &c. Ainsi AC est la mesure du rapport constant de AB à CM, il désigne le quotient de la progression géométrique ∺ AB. CM. DN. ER. FS. & les intervalles successifs AC, AD, AE, AF, &c. sont en progression arithmétique.

L'on trouvera dans ce lieu géométrique toutes les propriétés des Logarithmes. Les termes de la progression géométrique y étant exprimés par chacune des perpendiculaires res paralleles & correspondantes à la ligne AB regardée comme l'unité; pour avoir la distance de chaque terme à cette unité, il ne faut que multiplier AC mesure de leur rapport ou quotient de la progression par l'exposant du rapport ou par le nombre des termes qui lui est égal. Ainsi par Ex. pour avoir la distance de DN à l'unité, il n'y a qu'à multiplier AC par 2, l'on aura $2\,AC = AD$, que l'on cherche.

La Courbe qui passera par les extrêmités de toutes les perpendiculaires que l'on peut tirer ainsi à l'infini & parallelement à la ligne AB, s'appelle *Logistique* ou *Logarithmique*. D'un côté elle s'écartera continuellement de la ligne AF, de l'autre elle ira toujours en s'en approchant.

Soit $AC = x$, AD t, CM y, DN z; nous aurons $x = ly$, $t = lz$; & par conséquent $x.\ t :: ly.\ lz$. Si en général l'on a $x^m.\ t^m :: ly.\ lz$; cette proportion donne des logarithmiques d'un nombre infini de degrés; les puissances m des abscisses étant les logarithmes des ordonnées.

THÉORÊME I.

L'axe AF *de la Logistique en est aussi l'asymptote.*

LI. DÉM. Les lignes CM, DN au-dessous de l'unité,

c'est-à-dire de AB, décroissant toujours proportionnellement; la Courbe s'approche continuellement de AF, sans rencontrer cet axe : puisque l'on peut toujours diviser proportionnellement la plus petite ligne FS, sans que cette ligne s'anéantisse, quoiqu'infiniment petite.

THÉORÊME II.

La Sous-tangente dans la Logistique est constante.

LII. En supposant les points M, N infiniment proches, & tirant de ces points les tangentes MT, NT, nous aurons à cause des triangles semblables N*p*M, MCT d'un côté, R*q*N, NDT de l'autre; N*p*. *p*M :: MC. CT, & R*q*. *q*N :: ND. DT. *Alternando* N*p*. MC :: *p*M. CT, & R*q*. ND :: *q*N. DT. Or nous avons par la construction, N*p*. MC :: R*q*. ND. Donc *p*M. CT :: *q*N. DT. *Alternando*, *p*M. *q*N :: CT. DT. par la construction *p*M = *q*N : donc CT = DT. C'est-à-dire que les sous-tangentes sont toutes égales, & par conséquent constantes.

SCHOLIE. Nous avons supposé jusqu'ici, que le point parti de A dans le même temps & mû avec la même vitesse qu'a le point parti de B, continuoit à parcourir d'un mouvement uniforme les intervalles égaux AC, CD, &c. tandis qu'en s'éloignant de B celui-ci recevant des accroissements ou des décroissements de vitesse, parcouroit sucessivement les parties proportionnelles, B*f*, *fg*, *gh*, *hi*, ou bien B*e*, *ed*, *de*, *cb*, &c. Mais l'on peut supposer aussi que le point partant de A, se meuve depuis C avec la même vitesse qu'a en *f* ou en *e* le point parti de B; & que le premier conservant toujours cette même vitesse au même degré, parcoure sur la ligne CF des intervalles égaux dans les mêmes temps qu'il auroit parcouru dans la premiere supposition les intervalles AC, CD, &c. Il est évident que ceux-ci seroient chacun plus grands ou plus petits que les autres; que par conséquent la sous-tangente, quoique constante dans l'une & l'autre supposition, ne seroit pas la même dans les deux : les logarithmes changeront avec la courbe qui montera ou baissera nécessairement, puisque les ordonnées CM, DN demeurant les mêmes se rapprocheront ou s'écarteront du point B.

Ces différents changements donnent différents systêmes de logarithmes, qui ont chacun pour module, ou comme l'on dit encore pour *base* leur sous-tangente respective.

Pour plus grande facilité, dans la construction d'un systême l'on a coutume de faire l'ordonnée qui a zero pour logarithme, égale au module de ce systême.

Quadrature de la Logarithmique.

LIII. Supposons la sous-tangente DT $= a$, DN y, dx l'espace compris entre DN & une autre ordonnée infiniment proche; nous aurons (14) $\frac{ydx}{dy} = a$; ydx * $= ady$; $\int ydx = ay$ (28). Donc l'espace indéterminé TDNN $=$ le rectangle de DT par DN.

COROLLAIRE I.

Supposons le plus petit CM $= z$; nous aurons l'espace indéterminé NDCM $= az$; par conséquent MCCDN $=$ $ay - az = a \times \overline{y - z}$. Le rectangle compris entre deux ordonnées de la Logarithmique est égal au produit de la soustangente par la différence des abscisses.

Ainsi DCMN est à l'espace MCCM, comme la différence des ordonnées DN & CM est à la différence des ordonnées MC & MC.

DE LA GÉNÉRATION DES COURBES.

PROBLÊME I.

LIV. *Une Courbe AMG étant donnée, trouver la nature de celle que l'on pourroit décrire,* (*F. 24. Pl. 3.*) en prenant continuellement sur l'ordonnée PM prolongée selon le besoin, une portion toujours égale à la corde AM correspondante.

Solution. Supposons que la génératrice soit un cercle, & que AP $= x$; nous avons PM$^2 = 2ax - x^2$ AM$^2 =$ $x^2 + 2ax - x^2 = 2ax =$ PN^2. La Courbe ANH est une parabole.

---

* L'équation $\frac{ydx}{dy} = a$, donne $dx = \frac{ady}{y} = \frac{dy}{y}$, en supposant $a = 1$, dx la différentielle du Logarithme de y. De-là on peut encore tirer une démonstration de *la Regle 8.* du Calcul différentiel.

Si AMG eut été la parabole, l'on auroit eu $PM^2 = 2ax$; $AM^2 = PN^2 = 2ax + x^2$, & la courbe engendrée eut été une hyperbole circulaire qui auroit eu pour axe conjugué $2a$.

Il en est de même des autres courbes plus composées, & cela sans fin. L'on peut par ce moyen construire des courbes à l'infini.

L'inverse de cette opération fourniroit aussi une méthode de construire des courbes sans nombre; si l'on regardoit ANH comme la courbe génératrice, & si l'on coupoit l'ordonnée PN de cette courbe à un point M où l'on auroit toujours $AM = PN$.

PROBLÊME II.

LV. *Une Courbe AMG étant donnée, trouver la nature de celle que produiroit l'intersection N d'une perpendiculaire, (F. 25. Pl. 3.) à la corde de la premiere avec son ordonnée PM prolongée selon le besoin.*

SOLUTION. Le triangle NAM est rectangle en A; soit AP perpendiculaire à l'ordonnée prolongée NM. L'on a PM. AP : : AP. PN. Et en général PM^e. AP^e : : AP^e. PN^e. Donc $PN^e = \frac{AP^{2e}}{PM^e}$. Et par conséquent $PN^e = y^e = \frac{x^{2e}}{PM^e}$. Maintenant en déterminant e par le moyen de l'équation de la courbe génératrice qui est supposée connue & cherchant la valeur de PM, on la substituera dans l'équation générale.

Par Ex. en supposant AMG un cercle dont le diametre soit a, $PM^2 = ax - x^2$ où l'on voit que $e = 2$; ainsi $PN^e = y^e = \frac{x^4}{ax - x^2} = \frac{x^3}{a - x}$, équation de la Cissoïde. Par conséquent ANH est un Cissoïde.

Description des Courbes.

LVI. Delà on tire une méthode fort simple de décrire la Cissoïde par un mouvement continu.

Sur le diametre AB, (*F. 26. Pl. 3.*) formez un demi cercle AMB. A l'une des extrêmités A du diametre, fixez une équerre par le sommet de son angle droit, de maniere néanmoins qu'il puisse se mouvoir autour de ce point. En même temps qu'il tournera autour de A, faites mouvoir du côté de B la regle NPM d'une longueur indéterminée, & perpendiculaire au diametre; laquelle entrecoupe toujours ſur la demie circonférence un des côtés de l'équerre ; la ſection de l'autre côté de l'équerre avec l'autre extrêmité de la regle décrira continuellement une Ciſſoïde, ſuivant ce que nous venons de dire dans la ſolution du Problême précédent.

L'on voit par-là que l'on peut décrire d'un mouvement continu un nombre infini de courbes de toute ſorte de degrés. Il n'y a qu'à faire tourner autour du point A de la courbe génératrice, comme nous avons fait pour la Ciſſoïde, une équerre dont une des jambes parcoure continuellement cette courbe, tandis que l'autre s'entrecoupera continuellement avec une extrêmité d'une perpendiculaire à l'axe AP, laquelle coupera auſſi continuellement par ſon autre extrêmité la premiere jambe de l'équerre au point qui décrit la Courbe génératrice.

PROBLÊME III.

LVII. *Après avoir pris ſur une droite tangente de la courbe AMH (F. 27. Pl. 3.) & perpendiculaire à AP, la portion AG conſtante ; après avoir tiré par G la ligne GF parallele à AP & qui coupe au point F l'ordonnée PM de la Courbe génératrice ; après avoir mené par un autre point Q une ligne parallele à GF, & qui paſſant par le point M de la Courbe génératrice, aille couper en N la ligne AF prolongée ; trouver la nature de la courbe prolongée qui paſſeroit par tous les points N.*

Solution. Suppoſons la conſtante $AG = a$, $AQ = PM = x$, $QN = y$. Nous avons $AG . GF = AP = QM :: AQ = PM . QN$. Ou bien $a . AP :: x . y = \frac{APx}{a}$. Maintenant en déterminant AP par le moyen de l'équation de la courbe génératrice qui eſt ſuppoſée connue, on la ſubſtituera dans l'équation générale pour avoir l'équation de la courbe qu'il s'agit de trouver.

L'on peut par ce moyen conſtruire des courbes ſans nombre. Il en eſt de même ſi l'on ſe ſert des ſous-tangentes, des normales, des ſous-normales, ou de toutes autres lignes ſemblablement déterminées.

PROBLÊME IV.

LVIII. *Trouver l'équation générale des Courbes algébriques.*

SOLUTION. En conſidérant attentivement les Courbes algébriques que nous avons examinées, & qui n'ont toutes que deux variables; l'on verra qu'elles ſuivent une loi générale; que leurs équations ne peuvent être compoſées chacune que de quatre ſortes de quantités combinées avec les fonctions des variables; ſavoir de quatre différents produits réſultants des fonctions des ordonnées ou des abſciſſes par les puiſſances des quantités connues qui en forment les coefficients, des fonctions des abſciſſes par celles des ordonnées; & enfin ſimplement des puiſſances des grandeurs variables. Par Ex. en appellant f le coefficient des puiſſances m de y, premier terme, g le coefficient n des fonctions de x ſecond terme, h le coefficient du produit $y^r \times x^s$ troiſieme terme, enfin l tous les termes compoſés des quantités connues qui forment le dernier terme; l'on aura pour l'équation générale des Courbes, $fy^m + gx^n + hy^r x^s + l = o$. Le coefficient indéterminé de chaque terme exprime dans cette équation un coefficient quelconque d'une variable; l'expoſant indéterminé de chacune des variables exprimera ſucceſſivement toutes les fonctions de cette variable. Ainſi pour réduire cette formule générale à l'équation d'une courbe donnée; il faut y ſubſtituer au coefficient de chacun des termes, ſucceſſivement tous les coefficients donnés qui multiplient la même variable, & en faire de même pour les expoſants.

Des propriétés de quelques Courbes tranſcendantes.

DE LA CYCLOIDE.

LIX. Soit un cercle BPD (*F. 28. Pl. 3.*) lequel roule du point A ſur la droite A*a*; de maniere qu'un même point D de ſa circonférence décrive la courbe AD*a*; cette courbe ſe nomme *Cycloïde* & encore *roulette à baſe droite*, *Trockoïde*. C'eſt celle que décrit en l'air un des clous de la roue d'une voiture qui roule en ligne droite ſur un plan. Le cercle dont un des points décrit la roulette en eſt le cercle générateur.

COROLLAIRE I.

Par la deſcription même de la Cycloïde l'on voit que le point D qui la décrit, étant parvenn de A en *a*, la ligne A*a* qui ſert de baſe à la courbe, eſt égale au périmetre de ſon cercle générateur, puiſque cette ligne peut être regardée comme la ſomme de tous les points du périmetre qui lui sont successivement appliqués : donc la moitié de $Aa =$ DPB moitié du périmetre : en général deux aliquotes semblables l'une de la base de la cycloïde, l'autre de la circonférence du cercle générateur, sont égales entre elles : la partie de la base qui se trouve comprise entre le point de partance A & le point de contact du cercle générateur sur la base de la Cycloïde, est toujours égale à l'arc intercepté entre le même point de contact & le point par lequel la courbe est décrite.

COROLLAIRE II.

LX. En menant par le point B, lorsque le cercle générateur y est arrivé, un diametre BD perpendiculaire à la base Aa de la cycloïde ; si l'on conçoit en même temps que le cercle générateur ait laissé une de ses traces posée sur le point K de la même base & coupant la cycloïde en un point M ; en menant par K un diametre KH parallele au diametre BD, & par le point M la ligne MQ parallelement à la base, de maniere qu'elle aille couper en P le cercle générateur ; l'on aura évidemment $MP = DP$ arc correspondant. Et il faut en dire autant de toute autre ligne semblablement tirée d'un point quelconque de la Cycloïde. $AK = KM = BP$; donc KB restant de la base $= MH = PD$. Mais $FQ = KB$; & puisque $MF = PQ$, $MP = FQ$; donc $MP = KB =$ l'arc DP.

COROLLAIRE III.

LXI. On peut regarder la demie circonférence du cercle générateur fixe en B, comme la ligne des abscisses, dont le point D sera l'origine. Les lignes comme PM tirées parallelement à la base, seront les ordonnées de la Cycloïde. Ainsi en nommant c la demie circonférence du cercle générateur, b la moitié de la base Aa, x l'abscisse DP, y l'ordonnée PM ; nous aurons $c.\ b :: x.\ y = \frac{bx}{c}$. Equation générale de la Cycloïde.

SCHOLIE. Dans la courbe que nous venons d'examiner, $b = c$; $y = x$. C'est le cas de la Cycloïde simple. Mais b pourroit devenir plus grand ou plus petit que c. Ces deux derniers cas donnent deux autres especes de cycloïdes que nous n'examinerons pas ici, & dont on peut voir le détail dans différents auteurs.

COROLLAIRE IV.

LXII. Pour avoir l'équation de la Cycloïde au diametre du cercle générateur, en prolongeant les ordonnées juſqu'à ce diametre pris pour axe de la cycloïde; ſuppoſons l'abſciſſe $DQ = t$, $QM\ y$, $PM\ z$, l'axe $DB\ a$; nous aurons $PQ = \sqrt{at - t^2}$; $MQ = z + \sqrt{at - t^2} = y$. Et puiſque z dans cette nouvelle équation eſt la même choſe que y dans celle du Corollaire III; nous aurons auſſi $y = \frac{bx}{c} + \sqrt{at - t^2}$.

COROLLAIRE V.

LXIII. Les cordes HM & DP tirées par l'extrêmité des diametres HK, DB appartenants aux cercles ſitués en K & en B ſont évidemment paralleles entre elles; de plus HM eſt tangente à la Cycloïde au point M. Car la corde en K peut être regardée comme le rayon d'un cercle oſculateur au point M. Or MH par l'hypotheſe ſe trouve perpendiculaire à ce rayon, donc MH eſt tangente du cercle oſculateur & de la courbe avec laquelle il ſe confond au point M.

L'on a par ce moyen une méthode de mener une tangente à la Cycloïde.

Une ligne perpendiculaire à ſon axe au point culminant, ſeroit auſſi tangente à ce point; puiſque le point décrivant ſe trouvera toujours au deſſous de cette tangente, & ne ſe confondra avec elle qu'au point D duquel on la tire.

Une ligne perpendiculaire à la baſe au point A ou *a* ſeroit encore tangente.

COROLLAIRE VI.

LXIV. *Dans la Cycloïde la ſous-tangente eſt toujours égale à l'ordonnée correſpondante priſe à la circonférence du cercle générateur.*

En menant par l'extrêmité d'une abſciſſe, (*F. 14. Pl. 1.*) une tangente PT qui aille couper la tangente à la Cycloïde tirée à l'extrêmité M de l'ordonnée correſpondante; l'on aura évidemment PT = PM. Car les lignes AP, MT étant paralleles, ſuivant ce que nous avons dit au *Corollaire cinquieme* (63); les angles correſpondants TMP, APQ ſeront égaux; mais APQ & APT meſurés chacun par la moitié d'un arc réciproquement égal ſont encore égaux. Donc APT

& TMP le font auſſi. Or APT = PTM ſon alterne interne ; donc PTM = PMT ; & PT = PM ; $s = y$; C. Q. F. D. *

COROLLAIRE VII.

LXV. En conſidérant la développée d'une Cycloïde, qui eſt une cycloïde elle-même ; ſi l'on imagine que le cercle générateur eſt poſé en G & paſſe, (*F. 30. Pl. 4.*) par N point décrivant du rayon de la développée ; pour lors les paralleles MN & PD donneront les angles alternes internes NGD, GDP égaux ; ainſi les arcs GN & DP qui ſont leurs meſures, ſont auſſi égaux ; donc auſſi les cordes GN & DP qui ſous-tendent ces mêmes arcs ſont égales entre elles. Mais DP = MG. Donc MN = MG + GN = 2DP. D'ailleurs MN = l'arc MD de la développée. Donc cet arc eſt double de la corde DP. Le rayon entier KH eſt double de KI comme de DB. *Le double de ce rayon ou la longueur de la Cycloïde entiere eſt quadruple du diametre du cercle générateur.*

En général l'arc intercepté entre une ordonnée & le ſommet eſt toujours double de la corde menée du même ſommet à l'extrêmité de l'abſciſſe correſpondante. Soit donc a le diametre BD, (*F. 29. Pl. 3.*) x la portion DQ priſe ſur ce diametre, p l'arc DM de la Cycloïde ; nous avons

$$DP^2 = x^2 + ax - x^2 = ax ; DP = \sqrt{ax}. p = 2\sqrt{ax}.$$

De la quadrature de la Cycloïde.

LXVI. En démontrant le Corollaire VI. nous avons eu, (*F. 29. 14. Pl. 3. 1.*) l'angle PTM = PMT. Ainſi l'angle

---

* Dans les *Eléments de Géométrie*, v. le n. 957, l'on a pris pour ſous-tangente une portion de l'axe compriſe entre l'ordonnée & l'extrêmité de la tangente. C'eſt ainſi qu'on la détermine dans les courbes dont les abſciſſes ſont priſes ſur l'axe même, & dont les ordonnées ſont prolongées juſqu'à cet axe. Mais pour celles dont les abſciſſes ſont priſes comme dans la Cycloïde ſur une autre courbe génératrice, & dont les ordonnées n'aboutiſſent point juſqu'à l'axe ; l'on voit quelle raiſon l'on a d'appeller ſous-tangente une ligne qui ne fait point portion de l'axe, parce qu'elle ſe trouve compriſe entre la tangente & l'extrêmité de l'ordonnée priſe au point d'interſection avec l'abſciſſe. D'après cela il ſeroit peut-être plus exact d'appeller en général ſous-tangente une ligne menée à la tangente du point d'interſection de l'abſciſſe avec l'ordonnée.

TPQ extérieur & opposé aux deux autres est double de l'un des deux, de l'angle en M par Ex. Or l'angle APQ est mesuré par la moitié d'un arc égal à l'arc AP mesure de l'angle TPA; par conséquent ces deux angles sont encore égaux. Mais TPQ=TPA+APQ=2APQ=2PMT=MmS par rapport aux paralleles MP, *mq*. Les triangles semblables MmS, APQ donnent AQ. QP :: MS. S*m*. Maintenant en supposant 1 le diametre AB du cercle générateur, comme nous avons fait pour la quadrature des cercles (36); appellant AQx, MSdx; l'on aura PQ $= \sqrt{x-x^2}$: $mS = dx\frac{\sqrt{x-x^2}}{x}$. Pour racine de $x-x^2$ nous trouverons, comme dans la quadrature du cercle, $x^{\frac{1}{2}} - \frac{1}{2}x^{\frac{3}{2}} - \frac{1}{8}x^{\frac{5}{2}} - \frac{1}{16}x^{\frac{7}{2}}$, &c. jusqu'à l'infini. Mais comme dans notre équation cette quantité se trouve divisée par x, les exposants doivent par conséquent tous diminuer d'une unité; & nous aurons $dx\frac{\sqrt{x-x^2}}{x} = x^{-\frac{1}{2}}dx - \frac{1}{2}x^{\frac{1}{2}}dx - \frac{1}{8}x^{\frac{3}{2}}dx - \frac{1}{16}x^{\frac{5}{2}}dx$, &c. L'intégrale de cette différentielle est $2x^{\frac{1}{2}} - \frac{1}{3}x^{\frac{3}{2}} - \frac{1}{20}x^{\frac{5}{2}} - \frac{1}{56}x^{\frac{7}{2}}$, &c. Ce qui exprime l'ordonnée QM de la Cycloïde prise à l'axe AB, en supposant que PQ fut la différence de cette ordonnée, (*F. 14. Pl. 1.*) Ainsi QM $\times dx$ ou l'élément QMSq différentiel de l'espace cycloidal, est $2x^{\frac{1}{2}}dx - \frac{1}{3}x^{\frac{3}{2}}dx - \frac{1}{20}x^{\frac{5}{2}}dx - \frac{1}{56}x^{\frac{7}{2}}dx$, &c. Son intégrale est $\frac{4}{3}x^{\frac{3}{2}} - \frac{2}{15}x^{\frac{5}{2}} - \frac{1}{70}x^{\frac{7}{2}} - \frac{1}{25}x^{\frac{9}{2}}$, &c. Ce qui exprime l'aire du segment AMQ cycloïdal.

En multipliant $mS = gG = \frac{dx\sqrt{x-x^2}}{x}$ par $GM = gH =$ AQ$=x$; l'on aura pour gGMh élément de l'espace AMG, $dx\sqrt{x-x^2}$, qui est aussi l'élément du segment circulaire

APQ. Donc le ſegment cycloïdal AMG eſt égal au ſegment circulaire ; & il en ſeroit de même de tous les autres ſegments correſpondants dans l'une & l'autre courbe. Donc l'aire totale ADC = APB le demi cercle entier.

En ſuppoſant la demie circonférence du cercle générateur déſignée par *c*, le diametre par *a* ; puiſque la baſe de la cycloïde eſt égale à la circonférence de ſon cercle générateur ; le rectangle ADCB = *ac*. L'aire cycloïdale extérieure égale au demi cercle eſt $\frac{ac}{4}$; & l'aire cycloïdale intérieure qui eſt le reſtant du rectangle, eſt $\frac{3}{4}ac$. Par conſéquent *la ſurface de la Cycloïde eſt triple de ſon cercle générateur.*

De l'Epicycloïde.

LXVII. Soit un cercle ANB, lequel partant, (*F. 31. Pl. 4.*) d'un point D pris ſur la périphérie d'un autre cercle, roule ſur cette circonférence ; par l'un de ſes points A, il décrira la courbe DAMD, que l'on nomme *Epicycloïde, roulette à baſe circulaire.*

Ces roulettes ſont de deux ſortes, l'une intérieure, l'autre extérieure. Car ou le cercle générateur roule en dehors ou il roule en dedans d'un autre cercle. Dans le premier cas la courbe qu'il décrit comme MAD, eſt l'Epicycloïde extérieur, la roulette extérieure. Dans le ſecond cas c'eſt la roulette intérieure, comme DAD.

L'arc DGBD eſt la baſe de la premiere : l'arc DBGD l'eſt de la ſeconde.

COROLLAIRE I.

LXVIII. Par la deſcription même de l'Epicycloïde, l'on voit que ſa baſe eſt toujours égale au périmetre du cercle générateur ; puiſque tous les points de ce périmetre ont été ſucceſſivement appliqués ſur cette baſe. Une portion quelconque DG de cette même baſe eſt pour la même raiſon toujours égale à un arc MG qui lui correſpond dans le cercle générateur.

COROLLAIRE II.

Toute ligne tirée dans le cercle génératur du point où il touche la baſe de la roulette au point où il coupe cette courbe, eſt perpendiculaire à l'Epicycloïde. Car cette ligne peut être regardée comme le rayon d'un cercle osculateur au point d'intersection. Et delà il s'ensuit que la corde ME perpendiculaire à MG & appuyée sur l'extrêmité du diametre, est tangente à la courbe : car elle est tangente de l'arc osculateur infiniment petit qui se confondroit avec elle.

COROLLAIRE III.

LXIX. Lorsque le diametre du cercle générateur roulant intérieurement est sous-double du diametre de la base ; alors il décrit ce diametre. Car pour qu'il le décrive, il suffit que son point décrivant se trouve toujours sur ce diametre. Or il est effectivement nécessaire qu'il s'y trouve. Car dans le cas supposé, la demie périphérie AGB de la base, (*F.* 32. *Pl.* 4.) est égale au périmetre entier du cercle générateur ; & chaque portion comme AG de la premiere est toujours égale à une portion MG correspondante du second. Mais pour cela il faut que le point décrivant soit constamment sur le diametre. Car autrement l'angle ACG mesuré par chacun de ces arcs égaux, se trouveroit mesuré par un arc plus grand ou plus petit & deviendroit égal à un autre angle tel que FCG plus grand ou plus petit qu'il ne l'est lui-même. Ce qui est impossible.

COROLLAIRE IV.

Si le diametre du cercle qui sert de base à l'Epicycloïde est commensurable avec le diametre du cercle générateur, ces deux cercles l'étant pour lors entre eux ; la courbe décrite sera finie & dans un certain nombre de révolutions le cercle générateur continuant de rouler, arriveroit au point d'où il est parti. Il n'en seroit pas de même si les diametres des deux cercles étoient incommensurables entre eux. La courbe décrite deviendroit pour lors infinie, le cercle générateur ne pouvant mesurer l'autre dans aucun nombre de révolutions, & ne revenant pas au point de départ.

DES SPIRALES.

Spirale Logistique.

LXX. Soit un cercle, (*F.* 33. *Pl.* 4.) divisé en un nombre quelconque de parties égales AF, FG, GH, soient les rayons CF, CG, CH tirés aux points de division, F, G, A, & coupés aux points M, N, O, &c. de maniere que les lignes CM, CN, CO soient continuement proportionnelles; les arcs FG, FH sont les Logarithmes des parties CM, CN, &c. La courbe qui passe par les points de division des rayons, est la Logistique Spirale.

L'on peut en décrire une infinité de cette maniere.

Spirale d'Archimede.

Divisons par une continuelle bissection & en un nombre quelconque de parties égales le périmetre d'un cercle ainsi que son rayon. Soit ainsi divisé le cercle, (*F. 34. Pl. 4.*) aux points B, C, D, E, F, G, H; le rayon aux points *b*, *c*, *d*, *e*, *f*, *g*, *h*, &c. tirons des rayons à tous les points de division du cercle; transportons successivement sur ces rayons toutes les portions de celui que nous avons divisé, de 1 E, ou bien faisons 1 X = 1 *b*, 1 V = 1 *c*, &c. La courbe qui passera par l'extrêmité de 1 X, 1 V, &c. est la *spirale* ou *helice* d'Archimede.

Elle s'appelle *spirale premiere* par rapport à une seconde que l'on pourroit décrire par le moyen d'un cercle dont le rayon seroit double du premier. Par le moyen d'un cercle, dont le rayon seroit triple, on en décriroit une troisieme, & ainsi de suite.

En prenant la circonférence du cercle pour la ligne des abscisses, les rayons étant des ordonnées qui partent toutes d'un même point qui est le centre; l'on a une abscisse quelconque telle que AF à la circonférence du cercle, comme 1 S est au rayon entier. Soit donc la circonférence, c, le rayon r, l'abscisse x, & y l'ordonnée FS à la spirale; 1 S $= r-y$; $x. c :: r-y. r$; $rx = rc - cy$. Lieu algébrique de la spirale. Si 1 S $= y$, l'on aura $rx = cy$.

PROBLÊME I.

LXXI. *Trouver la valeur de la sous-tangente dans l'helice d'Archimede.*

SOLUTION. Nous menerons, (*F. 35. Pl. 4.*) un rayon AD infiniment proche d'un autre *a*C. Avec une portion de l'un des deux terminée à la spirale; décrivons l'arc infiniment petit GE, nous aurons CD $= dx$, EF dy en supposant AG y: & nous pourrons faire cette proportion, AD. AG :: DC. GE, ou $r. y :: dx. \frac{ydx}{r}$. Mais EG par la construction est perpendiculaire sur AE. Tirons maintenant AH perpendiculairement sur AG ; la perpendiculaire sera soustangente de l'helice & parallele à GE : les triangles semblables FEG, FAH donneront FE. EG : : FA. AH ; ou parce que FA = AE qui n'en differe que de l'infiniment petit FE, $dy. \frac{ydx}{r} :: y. \frac{y^2dx}{rdy}$. Or $rx = cy$; $rdx = cdy$; $dx = \frac{cdy}{r}$; $\frac{y^2dx}{rdy} = \frac{cy^2}{r^2} = \frac{xy}{r}$. Dans cette valeur, le facteur x est un arc de cercle qu'il faudroit rectifier pour déterminer la sous-tangente AH. Ainsi la détermination de cette ligne dépend ici de la quadrature du cercle.

Si l'on avoit l'arc BC à FC dans le même rapport que l'abscisse d'une courbe algébrique à son ordonnée ; BC étant x, CD dx, FC y, GI = FE dy ; puisque AG = AF, après avoir décrit avec le rayon AF le petit arc FI, l'on a cette proportion, AC. CD : : AG. EG. ou $r. dx :: r - y. \frac{rdx - ydx}{r}$. La proportion FE. EG : : FA. AH, devient $dy. \frac{rdx - ydx}{r} :: r - y. \frac{\overline{r-y}^2 \times dx}{rdy}$. Pour lors si dans cette valeur de la sous-tangente ; l'on substitue celle de dx tirée de l'équation qui détermine le rapport de BC à FC ; l'on aura l'expression cherchée de la sous-tangente. Par Ex. si le rapport de BC à FC se tire de l'équation à la parabole $y^2 = px$; l'on a $pdx = 2ydy$; $dx = \frac{2ydy}{p}$: & AH $= \frac{\overline{r-y}^2 \times dx}{rdy} = \frac{2y \times \overline{r-y}^2}{pr}$.

PROBLÊME II.

LXXII. *Trouver la quadrature de l'Helice.*

SOLUTION. EG $= \frac{ydx}{r}$ étant multiplié par la moitié de AG, donne la surface du secteur GAE infiniment petit $= \frac{y^2dx}{2r}$. Mais $rx = cy$, $r^2x^2 = c^2y^2$, $y^2 = \frac{r^2x^2}{c^2}$; $\frac{y^2dx}{2r} = \frac{r^2x^2dx}{2c^2r}$.

En

En intégrant l'on a $\int \frac{y^2 dx}{2r} = \frac{r^2 x^3}{6c^2 r} = \frac{rx^3}{6c^2}$. Si l'on suppose que x embrasse toute la circonférence du cercle, la surface entiere de la Spirale sera $\frac{rc}{6}$.

Par une méthode semblable l'on détermineroit la surface de la Spirale dans le cas où BC est à CF dans le rapport d'une abscisse algébrique à son ordonnée.

De la Quadratrice.

LXXIII. En divisant par une continuelle bissection, (*F. 36. Pl. 4.*) un quart de cercle, ainsi que son rayon AB en un même nombre de portions égales, & menant des rayons à chacun des points de division du demi cercle; si de chacun de ceux du rayon AB l'on éleve des perpendiculaires qui coupent ces rayons en x, en R, &c. La Courbe qui passera par tous les points d'intersection, est la Quadratrice de Dinostrate, qui en fut l'inventeur. On la nomme quadratrice, parce qu'elle donne d'une maniere très-approchée la rectification de l'arc du secteur, & de même la quadrature du cercle.

Par la construction même de la courbe, l'on a cette proportion ACH. AC :: AB. AM. En appellant ACH p, AB r, AC x, AM y, l'on a $p. x :: r. y$; $rx = py$. Lieu algébrique de la courbe.

Rectification très-approchée d'un arc de secteur de cercle par le moyen de la Quadratrice.

LXXIV. L'on peut rectifier au moins d'une maniere très-approchée un arc de cercle, si l'on peut le faire approcher d'aussi près qu'on voudra de l'égalité avec une ligne droite. Or cela peut s'obtenir par le moyen de la Quadratrice. (*F. 37. Pl. 4.*) Supposons que le point F soit celui où la Quadratrice coupe le rayon BH; j'en conclus que l'arc AH du secteur est la troisieme proportionnelle des deux lignes BF & BH; où ce qui en est une suite que BF est la troisieme proportionnelle de AH & de BH. Voici comme on le démontre.

Ces deux lignes ont une troisieme proportionnelle. Cette troisieme proportionnelle ne peut être que BF, si toute autre ligne comme BG plus grande ou comme BD plus petite ne sauroit l'être. Or cela est vrai. 1°. BG ne sauroit l'être. Pour mettre la chose en évidence ; du point B comme centre soit décrit l'arc GRM ; par son point R d'intersection avec la courbe, menons BL, tirons RO perpendiculaire sur AB & RC perpendiculaire sur BH ; l'on ne sauroit avoir AH. BH : : AH. GM. Autrement, puisque BH. BG : : AH. GM ; l'on auroit aussi AH. BH : : AH. GM. Donc BH = GM. D'ailleurs AH. HL : : GM. GR ; & par la construction même de la courbe, AH. HL : : AB. OB : : BH. RC. Donc GM. GR : : BH. RC. Mais puisque BH = GM, GR = RC, ce qui ne sauroit être ; puisque GR est plus grand que la corde qui le sous-tend, & cette corde plus grande que RC. Une ligne comme BG plus grande que BF ne sauroit donc être la troisieme proportionnelle.

2°. BD ne sauroit l'être. Pour le démontrer, du point B comme centre décrivez l'arc DP, menez DS perpendiculaire sur BH ; par le point S auquel elle rencontre la quadratrice, tirez BK rayon du secteur, & SQ perpendiculaire sur AB. L'on ne sauroit avoir AH. BH : : BH. BD. Autrement, puisque BH. BD : : AH. DP ; l'on auroit AH. BH : : AH. DP. Donc BH = DP. D'ailleurs AH. HK : : DP. DV, & AH. HK : : AB. BQ : : BH. DS. Donc DP. DV : : BH. DS. Mais puisque BH = DP, l'arc DV égaleroit sa tangente DS. Or la tangente d'un angle ou de l'arc qui en est la mesure est toujours plus grande que cet arc. (*F. 38. Pl. 4.*) Car soit l'arc VT = DV, menons ST = DS ; il est clair que DST est plus grand que DVT. Donc DS > DV. Une ligne comme BD < BF ne sauroit être la troisieme proportionnelle. (*F. 37. Pl. 4.*) Nous venons de démontrer dans l'*art. 1.* que BG ne sauroit l'être. Donc BF est la troisieme proportionnelle de AH & de BH, & l'on a aussi BF. BH : : BH. AH. Par le moyen de cette proportion l'on déterminera donc en ligne droite la valeur de l'arc AH.

Si donc le point F que nous avons supposé être celui où la quadratrice coupe le rayon BH étoit toujours determiné, l'on rectifieroit l'arc du secteur, & par conséquent la circonférence entiere du cercle. Mais il n'y a point de moyen géométrique pour déterminer exactement ce point. On ne peut le faire que d'une maniere très-approchée. Pour le déterminer rigoureusement, il faudroit tirer (*F. 36. Pl. 4.*) une parallele au rayon qui viendroit le couper au point F.

Or cette parallele se confondroit nécessairement avec le rayon, elle ne sauroit donc servir à déterminer le point F. Mais comme l'on peut par la bissection diviser EB & l'arc VH correspondant en d'aussi petites parties que l'on voudra ; l'on trouvera par ce moyen des points de la Quadratrice compris entre Y & F, lesquels s'approcheront toujours de plus en plus du rayon BH, & l'on pourra par ce moyen déterminer le point F d'une maniere très-approchée. C'est-à-dire, trouver une ligne qui ne différera qu'infiniment peu de BF.

Remarque sur les Quadratrices en général.

LXXV. L'on nomme en général Quadratrice d'une courbe, une autre courbe décrite autour de l'axe de la premiere & dont les ordonnées déterminent la quadrature des parties correspondantes dans l'autre. C'est ainsi que dans les sections coniques le cercle & l'ellipse sont réciproquement quadratrice l'un de l'autre ; dans les courbes qu'on appelle transcendantes, il en est de même de la Cycloïde par rapport à son cercle générateur. Et en parcourant diverses courbes, on en trouve plusieurs qui sont quadratrices d'autres. Par ce moyen l'on peut trouver une infinité de courbes dont on obtient la quadrature, construire des tables de ces courbes, ce qui donne des formules d'intégrales.

Par Ex. pour déterminer la courbe dans laquelle la sous-normale est $\sqrt{ax}$; nous dirons $\frac{ydy}{dx} = \sqrt{ax}$ (16) ; $ydy = a^{\frac{1}{2}} x^{\frac{1}{2}} dx$. $\int ydy = \frac{y^2}{2} = \frac{2}{3} a^{\frac{1}{2}} x^{\frac{3}{2}}$, $y^2 = \frac{4}{3} a^{\frac{1}{2}} x^{\frac{3}{2}}$ Donc le quarré des ordonnées de la courbe donnée détermine la quadrature des aires paraboliques dont le parametre seroit $4a$ (34). Ces ordonnées sont moyennes proportionnelles entre les coupées & $\frac{2}{3}$ des ordonnées paraboliques. Par conséquent cette courbe doit être regardée comme *la quadratrice de la parabole.*

Nous observerons ici en finissant qu'il est plus avantageux d'intégrer une différence par la rectification que par la quadrature des courbes : parce qu'il est plus aisé dans la pratique de trouver leur longueur que de les quarrer.

Fin du Supplément au Tome premier de la Philosophie.

ERRATA.

PAGE 6, *ligne* 5, *lisez* $da^m x^n = n a^m x^{n-1} dx$.

7, *ligne* 9, *de la Remarque*, différence, *lisez* diffé-rence.

25, *ligne* 4, *du n.* XXX, substition, *lisez* substi-tution.

41, *dans l'énoncé du Probléme*, eourbe, *lisez* courbe.

48, *ligne* 6, *du n.* XLVIII, QMSM, *lisez* QM, SM.

51, *ligne* 4, *du premier alinéa*, *effacez* res *au commencement de la ligne.*

Il se trouve dans le cours de l'Ouvrage des quantités séparées, qu'il faut regarder comme étant à côté l'une de l'autre. Par Ex. Page 45, *lignes* 6 *&* 7, *lisez* comme s'il y avoit AR. *Page* 46, *lignes premiere & seconde du n.* XLVII, *lisez* comme s'il y avoit AB.

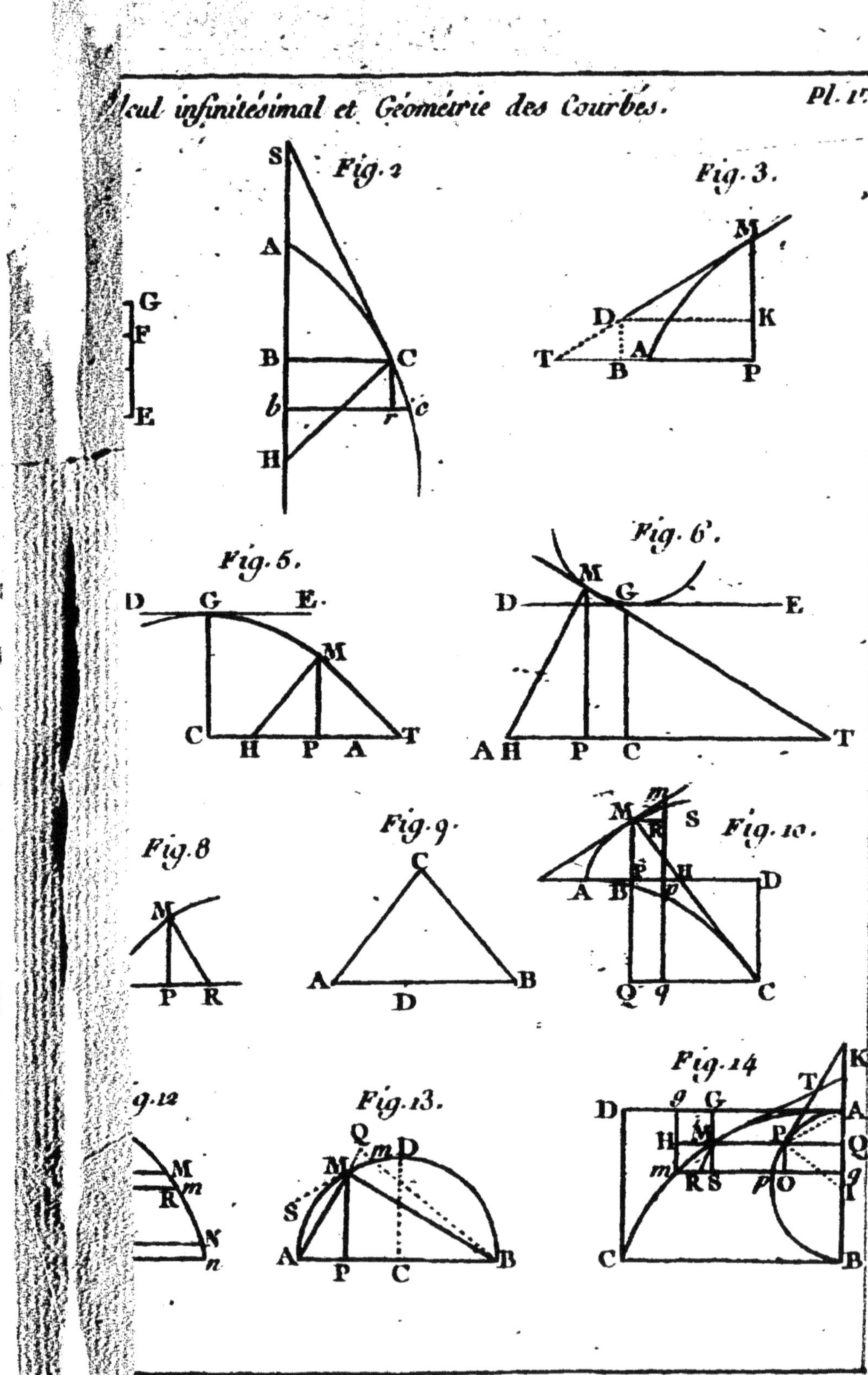
Fig. 2
S
A
B
C
b
r
c
H
G
F
E
Fig. 3.
M
D
K
T
A
B
P
Fig. 5.
D G E.
M
C
H P A T
Fig. 6.
M G
D E
A H P C T
Fig. 8
M
P R
Fig. 9.
C
A B
D
Fig. 10.
m
M
S
A B
H
D
Q q C
Fig. 12
M
m
R
N
n
Fig. 13.
Q
m
D
M
S
A P C B
Fig. 14
K
T
D g G A
H M P Q
m R S p O q
I
C B

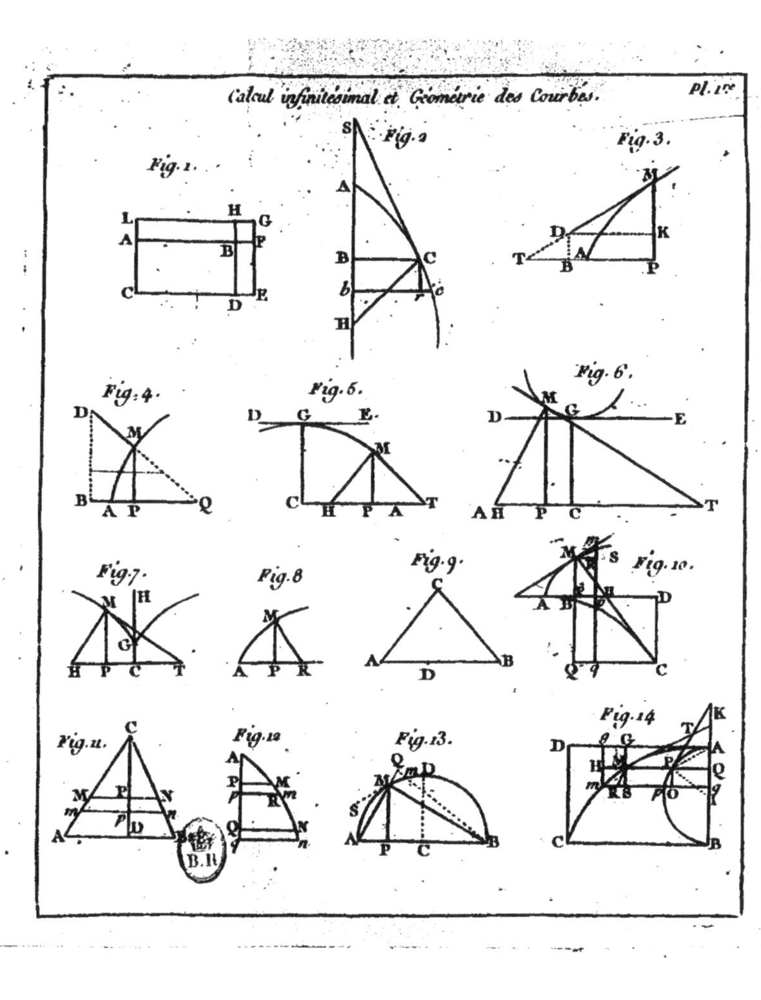
Calcul infinitésimal et Géométrie des Courbes.
Pl. 1re
Fig. 1.
Fig. 2
Fig. 3.
Fig. 4.
Fig. 5.
Fig. 6.
Fig. 7.
Fig. 8
Fig. 9.
Fig. 10.
Fig. 11.
Fig. 12
Fig. 13.
Fig. 14

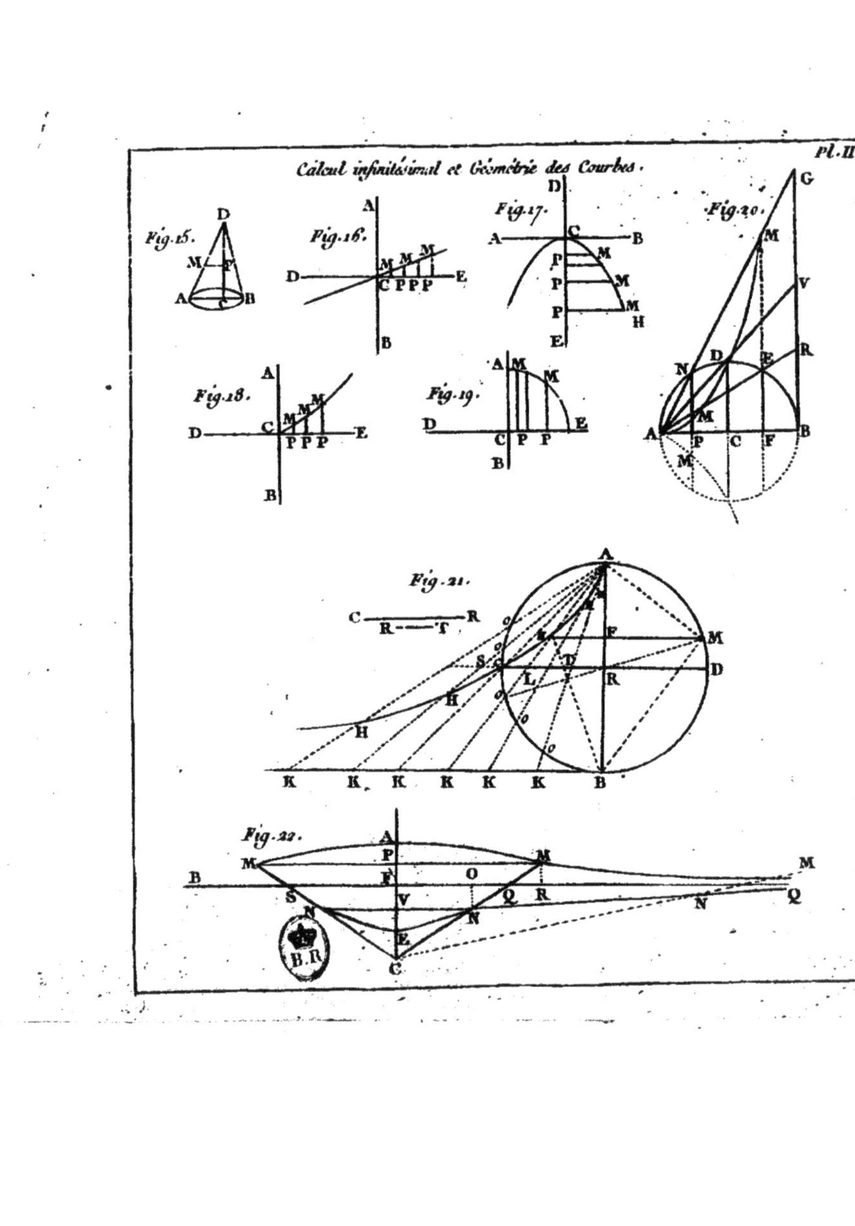
Pl. II.
Calcul infinitésimal et Géométrie des Courbes.
Fig. 15.
Fig. 16.
Fig. 17.
Fig. 18.
Fig. 19.
Fig. 20.
Fig. 21.
Fig. 22.

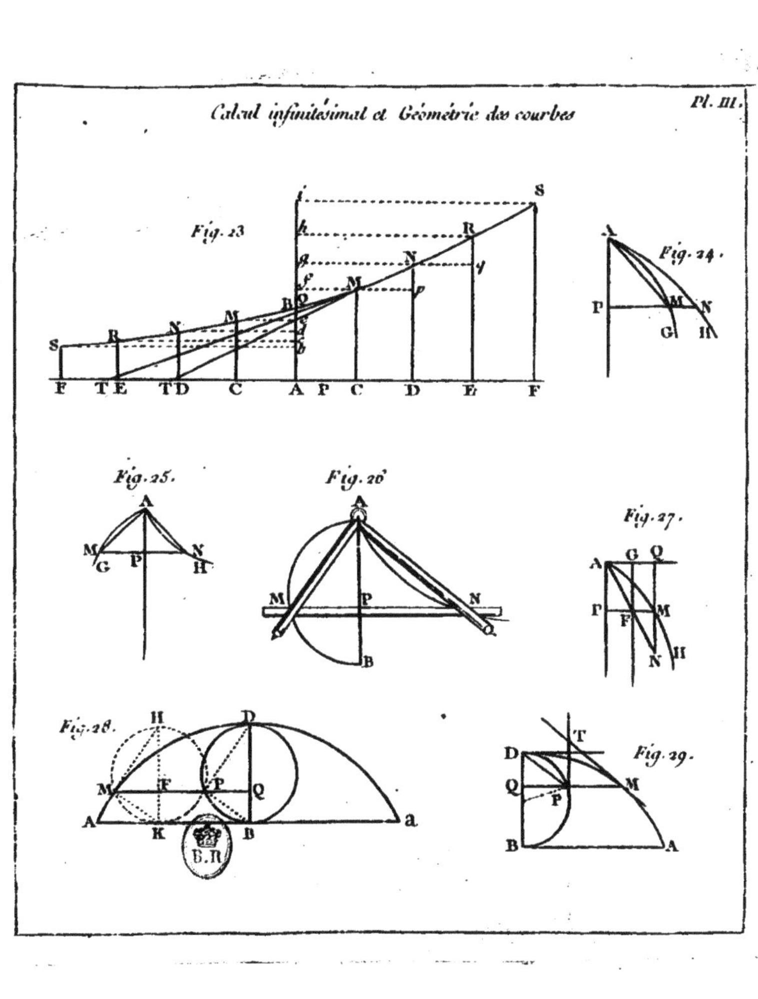
Fig. 23
Fig. 24
Fig. 25
Fig. 26
Fig. 27
Fig. 28
Fig. 29

Calcul infinitésimal et Géométrie des Courbes

Fig. 30.

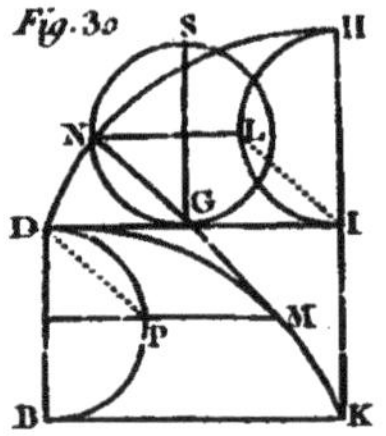

Fig. 31.

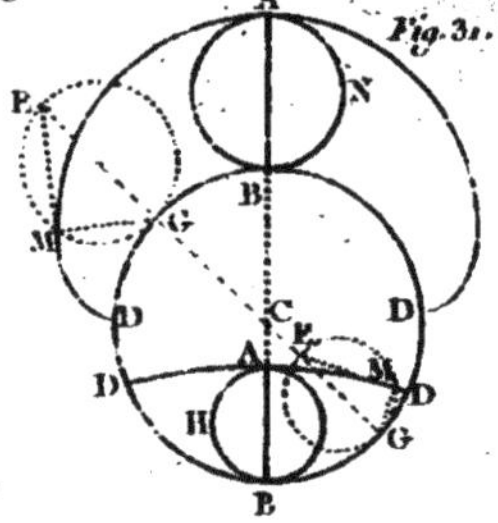

Fig. 32.

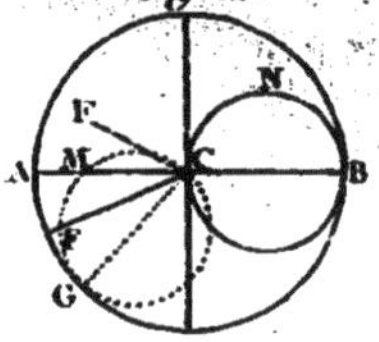

Fig. 33.

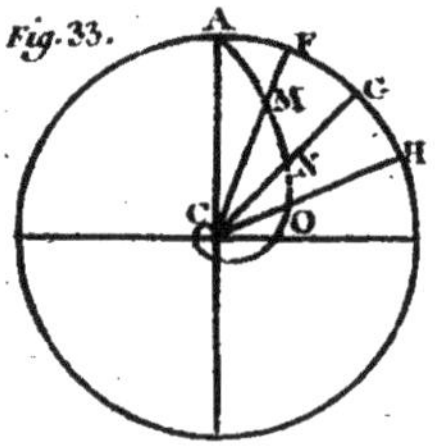

Fig. 34.

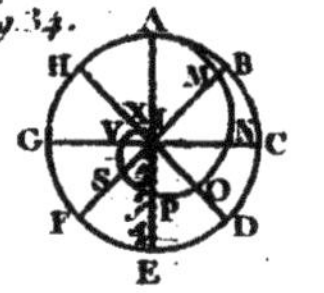

Fig. 35.

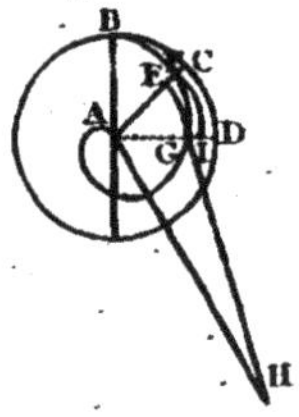

Fig. 36.

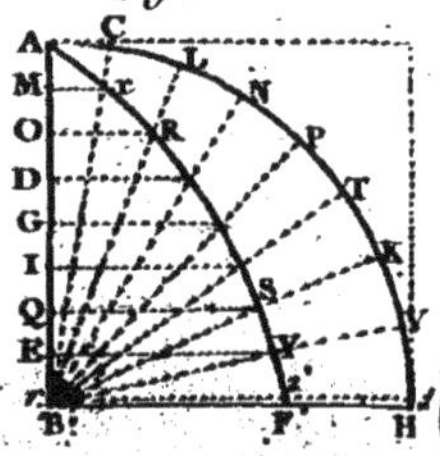

Fig. 37.

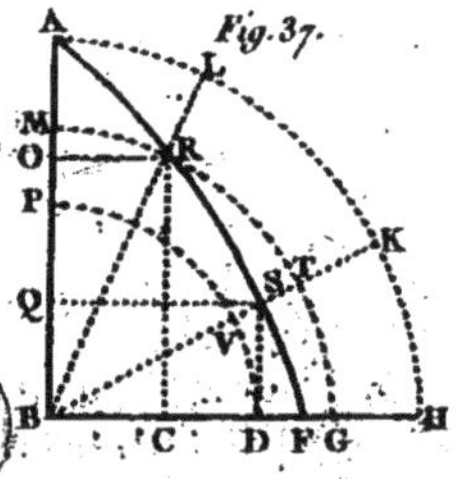

Fig. 38.

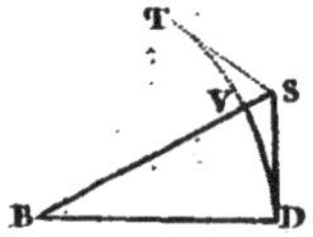

www.ingramcontent.com/pod-product-compliance
Ingram Content Group UK Ltd.
Pitfield, Milton Keynes, MK11 3LW, UK
UKHW021218230726
13926UKWH00003B/1097

9 782016 129357